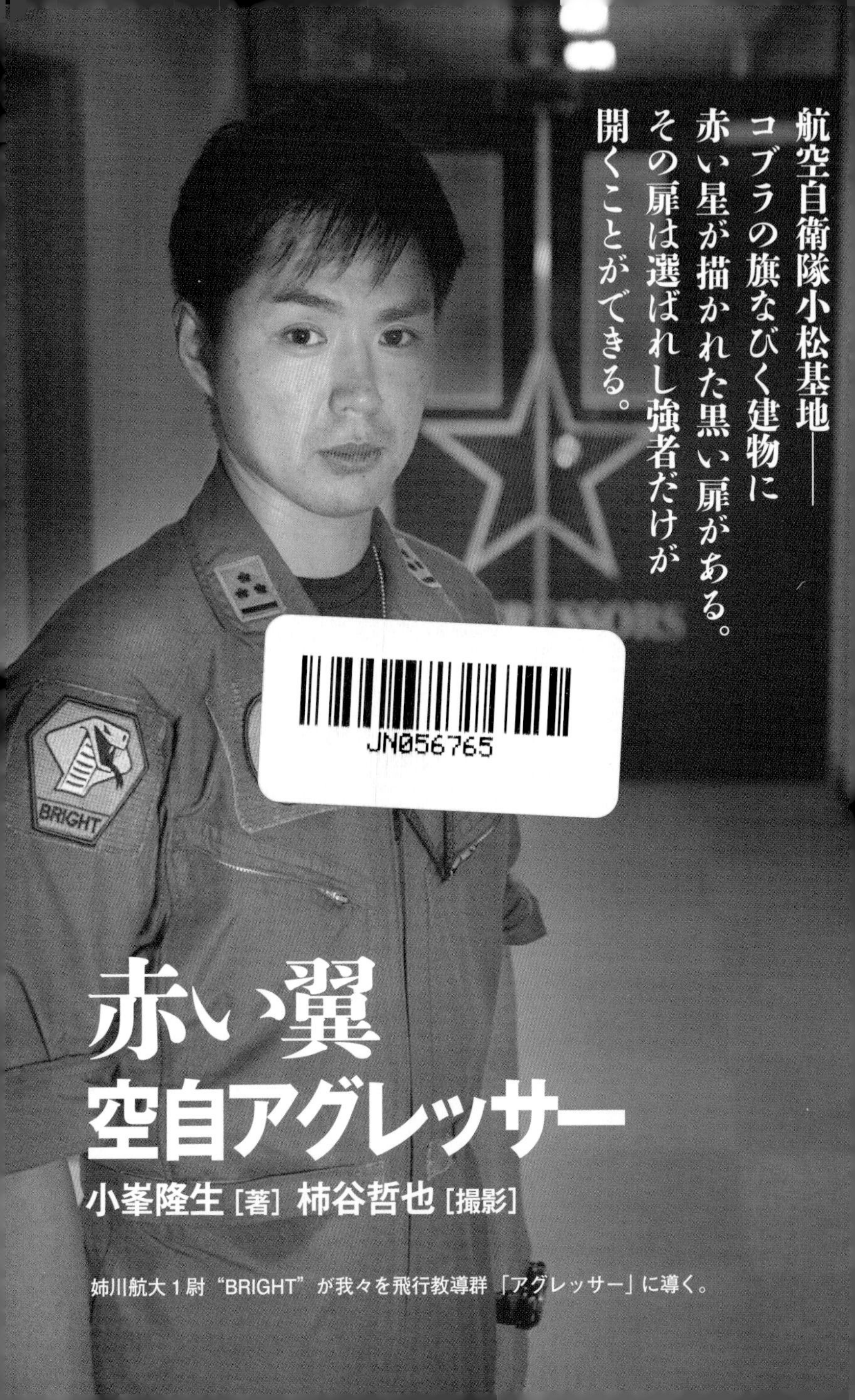

航空自衛隊小松基地——
コブラの旗なびく建物に
赤い星が描かれた黒い扉がある。
その扉は選ばれし強者だけが
開くことができる。

赤い翼
空自アグレッサー

小峯隆生［著］ 柿谷哲也［撮影］

姉川航大１尉“BRIGHT”が我々を飛行教導群「アグレッサー」に導く。

飛行教導隊が
1981年の編成完結
から9年間使用した
初の国産ジェット
高等練習機三菱T-2。
彼らが乗り込むことで、
T-2は「戦闘機」になった

機首にはソ連機のような赤い２桁、下面には相手パイロットを錯覚させるフォールスキャノピーが描かれ（右上写真）、主翼はデルタ翼、尾翼は鋭角にトリミングされた塗装をしている（左上写真）。それは仮想敵戦闘機であるミグ21を模擬していた（写真３点撮影：瀬尾央）。そして晩年には国籍標識の日の丸さえ薄く塗りつぶし仮想敵に成りきる（撮影：三井一郎／文林堂「航空ファン」）

32-8082
32-8096

1990年からはF-15DJを使用する。Su-30戦闘機のような水色迷彩の082号機、黒い096号機はJ-31戦闘機だろうか。飛行教導群が使用するF-15は全て塗装が異なる（撮影：瀬尾央）

F-15を飛ばすのはパイロットだが、飛ぶようにするのは飛行教導群整備隊の航空機整備員。機体のすべてを知り尽くした彼らが愛機をG空域に送り出す「よし、行ってこい!」

髑髏マークと交差した2本のサーベルがカッコいい整備員の背中。モチベーションも上がる。

機体の整備、飛行前後点検、列線の作業だけでなく、識別塗装の塗装作業も整備員の仕事だ。1機1機の愛着がわく。

「ウチの整備員は士気高いよ。ほかの部隊とは違うってプライドがあるからね。どこの部隊も一緒だと思うけど。ハハハッ」列線で監督する整備隊正木1尉

我々はマッハの速度でアグレッサー
のエリア内に引き込まれていく。
彼らは何を語るのだろう？
「最強」と呼ばれる男たちへの
興味は尽きない……。

はじめに

前著『青の翼 ブルーインパルス』（2022年）のコンセプトは、「日本の空は空自が守り、日本人の心はブルーインパルスが守る」だった。「日本人の心」はブルーインパルスが守るとわかったが、「日本の空」を守るには空自が強くなければならない。では、その強さはどこから生まれるのだろう。

元教導隊長の山田真史《まさし》空将の言葉が脳裏によみがえった。

「私らは、裏のブルーインパルスなんですよ」

確かにブルーインパルスはその技量を観衆に披露することで次代の空自パイロットを勧誘する。飛行教導隊（現・飛行教導群）は全国の戦闘飛行隊を巡回して、空戦テクニックを教え、強化する。まさに仮想敵機部隊である「アグレッサー部隊」が、空自の戦闘機パイロットたちを育てているのだ。

残念ながら、アグレッサー部隊が実際に教導する様子を見ることはむずかしい。基地の柵越しから離着陸する戦闘機を見ることができても、教導隊のブリーフィングや列線の様子などは取材できないだろうとあきらめていた。

2023年1月24日、インド空軍のSu-30戦闘機が茨城県の百里基地に飛来し、同基地所属の第3飛行隊のF-2戦闘機と共同訓練が始まるという。しかも、そこに4機の教導隊機も参加する……。教導隊を列線で取材できるチャンスが筆者にめぐってきた。これまでの「翼シリーズ」でつねに取材を一緒にしてきたカメラマンの柿谷哲也氏とともに百里基地に向かった。

筆者には一つ疑問があった。かつて英空軍のユーロファイター戦闘機が百里基地に来た時、教導隊は参加しなかった。なぜインド空軍のSu-30との共同訓練には参加するのだろう。その時の取材記事はウェブニュースとして次のように配信された。以下、再録する。

「インド空軍機Su-30が初の共同訓練で来日!
——その場に日本最強の「教導隊」が来た理由とは?」

1月24日の茨城新聞の報道によれば、航空自衛隊(以下、空自)とインド空軍の初めての戦闘機共同訓練に関して、茨城県小美玉市にある空自百里基地で双方の部隊の司令官が記者会見し、中部航空方面隊司令官の坂本浩一空将が「対戦闘機訓練や対迎撃訓練はほぼ計画通りに進捗している」と説明する一方、インド空軍西部航空コマンド司令官のパンカジ・モーハン・シンハ中将はこの日、空自のF-2戦闘機に同乗し、「操縦士の素晴らしい飛行技術を見ることができた」と

2023年1月に百里基地で行なわれた日印戦闘機共同訓練「ヴィーア・ガーディアン23」のため飛来したSu-30MkＩ戦闘機（中央）と飛行教導群のF-15DJ（右端）、F-2（左端）。

語ったという。その現場に筆者がいたのだ。ロシア原産のインド空軍機「Ｓｕ‐30ＭｋＩ」と、原型は米国製Ｆ‐16だが両翼と胴体は日本が設計・製造した空自「Ｆ‐２」、そして米国設計の空自飛行教導隊「Ｆ‐15ＤＪ戦闘機」の３機が並んだ光景は壮観だった。Ｓｕ‐30ＭｋＩは複座（座席が二つあること）戦闘機。西側ならばＦＡ‐18スーパーホーネット、Ｆ‐15Ｅストライクイーグルと同等で、敵地への侵入攻撃を主任務とする。Ｓｕ‐30の二つのエンジン排気口ノズルは上下に動き、「コブラ」と呼ばれる急速垂直上昇で、追随する敵戦闘機を前に飛び出させるなど、Ｆ‐22戦闘機ラプター並みのすさまじい機動飛行が可能である。

空自のＦ‐15、Ｆ‐２とＳｕ‐30にそれぞれ同じ技量を持ったパイロットが搭乗し、１対１で空戦したら、空自機はまず勝てない。中国空海軍とロ

F-2Bの後部座席に乗るインド空軍西部航空コマンド司令官パンカジ・モーハン・シンハ中将。日本側はスホーイに乗ったのだろうか。

シア空海軍は、このSu-30を保有している。すなわち、その勝てない相手が来襲する可能性はゼロではない。この日、インド空軍Su-30の訓練相手は空自第3飛行隊のF-2だった。しかしこの訓練の場に、空自戦闘機部隊に空戦を教え導く最強の「飛行教導隊」が4機来ていたのだ。なぜ彼らが飛来したのか、その答えを元教導隊長で航空支援集団司令官の山田真史元空将に聞いてみた。

「教導隊は空自戦闘機部隊に対する敵役を演じ、彼らの戦闘能力を向上させるのが主たる任務です。敵役の演じ方、戦法を研究する立場にあるので、戦技に関する観察、分析などさまざまな能力に長けています。日本は国策として、仮想敵国は持っていません。教導隊はいろいろな敵機役をやりますが、Su-30は未知であり、知らないことはいちばんの脅威です。そのわからない敵機と同じ機種であるインド空軍のSu-30と訓練すれば、戦い方のオプション、引き出しが増えます」

冒頭でも書いたように、記者会見で中部航空方面隊司令官の坂本浩一空将は「対戦闘機訓練や対迎撃訓練はほぼ計画通りに進捗している」と発言していた。

「対戦闘機訓練といえば、ACM（Air Combat Maneuvering：空中戦闘機動）のことですから、おそらくドッグファイトの基本はやっているんじゃないですかね。F-2の後ろにSu-30が付いて攻防をはっきりさせて始める場合もあれば、相対して始める場合もあります。迎撃訓練はいわゆる『要撃戦闘訓練』で、たとえばインド空軍のSu-30が訓練空域に侵入してきて、それを空自のF-2が迎撃する。これは相手の戦法を読みながら機動します。教導隊パイロットが複座のF-2Bの後席に乗っていたかもしれません」（山田元空将）

訓練終了後、両者は地上に下りて「デブリ（デブリーフィング）」と呼ばれる反省会を開く。そこでは、お互いに相手機をどう落としたか、両者の機の速度、相対距離、どこでどのようにミサイルを発射したのかなどを図面（これを機動図と呼ぶ）に描き、説明する。今回もそれを日本とインドでやった可能性は高い。

「そこで両者の飛び方の機動図を描けば、インド空軍Su-30の戦法が見えてきます。『えっ、こんなところでミサイルを撃ったの？』とか、『ここで撃てるの？』というだけで、彼らのセンサー

であるレーダー、搭載しているミサイルの能力がわかってきます』（山田元空将）

その時、教導隊のパイロットが後席に同乗していれば、いろいろなことがわかってくる。空自教導隊は中国空海軍と、本家のロシア空海軍で運用しているSu‐30の敵機役を演じなければならない。そのリアリティは上がるのだろうか？

「教導隊は事前に彼らが想像していたSu‐30の戦法と照合して、『あぁ、合致しているね』とか、『ちょっと考え方を変えなきゃいけないね』というのを今回持ち帰っているんじゃないですか。今回の合同訓練で得た情報を集約して、今後、教導に行った際の訓練でいろいろなシミュレーションをしてくるのは十分に考えられますね」（山田元空将）

2月以降、教導訓練を受ける空自飛行隊は、すさまじくリアリティのあるSu‐30の飛び方を会得した教導隊と訓練する。それは有事の際、空自が日本の空を守るのに必ず役に立つ戦闘テクニックなのである。それを学ぶ機会を与えてくれたインドは、真の日本の友好国かもしれない。

（「週プレNEWS」取材・文／小峯隆生　写真／柿谷哲也、2023年1月31日配信）

教導隊が百里基地に来た理由は、元教導隊長の山田元空将の解説で推定できた。

実際、インド空軍機がどう動いているのか、突撃取材を開始した。

インド空軍パイロットが格納庫前を通ったので話しかけた。

インド空軍 Su-30MKI 戦闘機。最高速度は F-15 よりやや遅いマッハ 2 だが、機動性は Su-30 の方が上回るとされる。

「寒くない？」

「寒いよ」

人懐っこいインド空軍のパイロットが応じた。筆者はすぐにスマホの中にある自分がハリウッド映画『ターミネーター2』に出演した時の写真を見せた。

「ユー、ムービースター？」

「イエス」と即答。インド空軍パイロットの目の色が輝いた。

チャンスだ！

F‐2飛行隊と空戦訓練をしたか？と尋ねた。

「したよ、彼らはとても強い」

「F‐2はSu‐30に勝った？」と聞くと、若いパイロットは首を横に振った。空戦では負けてないようだ。

「もし後方に付かれても、俺たちは『コブラ』ができるから」

その瞬間、映画『トップガン・マーヴェリック』のF-14戦闘機が第5世代戦闘機のSu-57を自機の前に出させたシーンを思い浮かべた。

「F-2に対して『コブラ』ができた?」と聞くと、パイロットは大きく頷き、F-2に負けていないことを誇示した。

筆者は列線の隅に駐機している教導隊機を指さした。

「あの部隊とは空戦訓練、やった?」

「やってないよ」とインド空軍パイロットは言ったが、答えるのに少し間があった。

何か隠しているな、直感が次のように告げた。

(Su-30は、教導隊には空戦訓練で負けてるな)

山田元空将の話を総合すれば、初日、F-2Bの後席に教導隊パイロットが乗り、お手並み拝見。その後の第3飛行隊のブリーフィングですべてがわかる。そして別の日、教導隊と空戦訓練。実際、インド空軍Su-30と教導隊機が百里基地を離着陸する様子は報じられている。

ここからは筆者の推測だが、そこで空戦訓練が行なわれたのではないか。おそらくSu-30は教導隊のF-15DJに簡単にやられたのだ。

「飛行時間はどのくらい？」と若いインド空軍パイロットに聞いた。

「600時間」

「若（ジャック）」だ。帝国海軍航空隊では経験の足りないパイロットをこう呼ぶ。数千時間の飛行時間を誇る教導隊パイロットであれば、簡単に落とすことができると確信した。

インド空軍にSu‐30の部隊ができた時、インド空軍は飛行時間が2000～3000時間のベテラン・パイロットを集めた精鋭部隊を作ったというが、経験の浅い隊員も入れるようになったのだろうか。

そろそろ潮時とみた筆者は右手で空を指さした。

「この日本の空と、インドの空はつながっています。一緒にこの空を守りましょう」

若いパイロットは破顔一笑すると、

「もちろんだ」

その後、仲間を数人呼び集めてきた。

「ムービースター、一緒に写真撮ってくれ」

筆者は映画スターとなり、彼らと一緒に写真に収まった。

日印合同演習で訪問した百里基地で出会った本村祐貴飛行教導隊長。のちに部隊を訪問して隊長の教育方針、そして心に秘める理念を聞かせてもらった。

筆者がパイロットに取材している頃、柿谷カメラマンは展示された教導隊機の前にいる教導隊パイロットを発見していた。

すぐに筆者もそこに駆けつける。

話をしてくれたのは、本村祐貴教導隊長だった。上智大学を卒業後、戦闘機パイロットになったという。

「このSu‐30を教導隊の使用機にするのはどうですか?」と尋ねると、

「いいですねー」と笑顔で答えた。

その爽やかな雰囲気からは、創設当初の「俺らは空戦をやりに来た。負ければお前らは死んだことになるから、車をもらって帰るぞ」と言い放った強面《こわもて》の印象はない。

筆者が、飛行教導隊の創設から現在の飛行教導群までを一冊の本にすると伝えると、本村教導隊長の顔が引き締まった。

「今年の夏頃、部隊に取材に行く予定で、いま調整中です」

これまで誰も書いたことのない飛行教導群「アグレッサー部隊」の全歴史を明らかにしようと思う。これまで四冊の「翼シリーズ」を世に出したが、五冊目となる本書はまさに空白の本丸に乗り込むことに等しい。


ここに一枚の写真がある。

百里基地に来ていた本村教導隊長との記念写真である。

この写真を撮影する際、今の教導隊の雰囲気がわかる印象的な出来事があった。

突然、本村教導隊長の横に立っていた筆者との間に教導隊の矢野隊員が割り込んできたのである。

矢野隊員はウイングマンか、後席パイロットなので、自然と隊長機を守る位置取りをするのだろう。

「あの、記念で、本村教導隊長の2番機の位置に自分がいたいであります」

と筆者が言うと、すぐに隊長の反対側に移動してくれた。

この写真で見逃してはならないのは、本村教導隊長の脇にいる矢野隊員と教導隊整備員は、見事に3〜4番機の位置に正確に立っていることだ。

それに対して単なる戦闘機マニアの筆者は本村教導隊長の前に出ていて2番機の位置にいない。筆

記念写真を撮らせてもらった。インドのスホーイのことよりも、現役の飛行教導群隊員、そして教導隊の OB たちに何を聞こうかで頭がいっぱいだった。

者はこの写真を見ても教導隊の練度の高さを思い知らされる。

撮影が終わると、ふたたび矢野隊員が隊長との間に割り込んできた。

筆者は思わず「何をされているんですか?」と聞いた。

「今日は寒いので、隊長を冷たい風から守っています」

矢野隊員は笑顔を見せた。

地上にあっても、常に隊長のウイングマンであり、後席パイロットであり続ける。

教導隊に隙なしと筆者は見た。

ここからアグレッサー部隊の歴史をたどる旅が始まる。

目次

航空幕僚監部広報室の平川通3等空佐、立山雄一3等空佐。小松基地第6航空団司令部監理部渉外室広報班長の中田亮輔1等空尉、飛行教導群広報班長の柏﨑弘尋1等空尉、姉川航大1等空尉には、取材調整にご尽力いただき、厚くお礼申し上げます。登場する方々の役職・階級・年齢などは取材時（2023年）のものです。

飛行教導隊／飛行教導群小史（「飛行教導群40周年記念誌」他参考）

昭和56年（1981年）
8月　第8航空団に飛行教導隊準備隊および同準備室設置
12月　飛行教導隊編成完結（築城基地）。T－2機×5、T－33機×2で編成

昭和57年（1982年）
3月　総隊戦闘能力点検受験
7月　巡回教導訓練開始（第2航空団、当別）
12月　部隊創立1周年記念行事

昭和58年（1983年）
3月　部隊移動（築城基地から新田原基地へ）

昭和59年（1984年）
1月　隊本部に「企画班」および「安全班」を設置

昭和61年（1986年）
9月　航空大事故（T－2機、エンジン推力減少による緊急脱出、墜落）。正木正彦1佐殉職
12月　部隊創立5周年記念行事

昭和62年（1987年）
5月　航空大事故（空中火災によるT－2機の破壊）緒方和敏2佐、沖直樹2佐殉職

昭和63年（1988年）
1月　教導隊、整備隊に「総括班」を新設

9月　F‐15J／DJの配備準備

平成元年（1989年）

3月　航空大事故（T‐2機の破壊）川﨑俊広2佐、正木辰雄3佐殉職

平成2年（1990年）

4月　F‐15飛行訓練開始

12月　装備機数：T‐2機×5からF‐15機×5へ

平成3年（1991年）

3月　教導隊春日要撃管制班（春日基地）を新設

8月　F‐15による巡回教導訓練開始

12月　部隊創立10周年記念行事

　　　第3級賞状受賞（職務遂行）

平成5年（1993年）

6月　第5級賞状受賞（縁故募集）

平成6年（1994年）

6月　T‐33からT‐4へ機種更新

平成8年（1996年）

6月　第3級賞状受賞（広報優秀部隊）

平成13年（2001年）

10月　F‐15戦技課程（試行）開始

12月　部隊創立20周年記念行事

平成16年（2004年）

4月　第3級賞状受賞（飛行、服務無事故）

12月　航空自衛隊創立50周年記念基地航空祭
平成18年（２００６年）
12月　部隊創立25周年記念行事
平成19年（２００７年）
10月　Ｔ‐２展示機完成記念
平成22年（２０１０年）
4月　第3級賞状受賞（地上無事故）
5月　口蹄疫による災害派遣
6月　第2級賞状受賞（飛行無事故）
平成23年（２０１１年）
1月　鳥インフルエンザによる災害派遣
3月　東日本大震災による災害派遣
12月　部隊創立30周年記念行事
平成26年（２０１４年）
8月　飛行教導隊廃止および航空戦術教導団飛行教導群新編
平成28年（２０１６年）
6月　新田原基地から小松基地への部隊移動完結
令和3年（２０２１年）
12月　部隊創立40周年記念行事
令和4年（２０２２年）
1月　航空大事故（Ｆ‐15機の墜落）飛行教導群司令の田中公司空将補、植田竜生3佐殉職

第1部　栄光の教導隊

第1章　教導隊の基礎を作った男――増田直之

教導隊の根っこにある精神

春風さわやかな季節、待ち合わせ場所に指定された福岡市のレストランに、元第3代飛行教導隊司令、増田直之《ますだなおゆき》氏（86歳）が待っていた。小柄だががっちりした体躯、その禿頭《とくとう》は光り輝き、人生を楽しんでいる好々爺といった雰囲気が漂う。派手なパッチの付いたジャンバーがよく似合っていた。拝受した名刺にも「遊び人」と書いてある。

存命している教導隊幹部の中でも最古参であり、教導隊関係者の間で「いちばん怖い男」と呼ばれている人物である。

教導隊パイロットは、全国の戦闘飛行隊を巡回教導している時に、空戦がうまいパイロットたちを一本釣りし、綿密に空幕と事前調整して決まることが多いという。

増田司令はどこで教導隊に誘われたのか尋ねた。

「いや、誘われていません。私から行ったんです」

増田司令は厳しい口調で答えた。

「約60年前、ベトナム戦争の空戦で、多くの米空軍戦闘機が墜とされました。そこでより実戦に近い訓練の必要に迫られ、仮想敵部隊（アグレッサー）を作りました。出撃経験の浅いパイロットの訓練です。それからアグレッサーはF‐5戦闘機でアメリカのみならず、世界各地の米軍基地を回り訓練を行ないました。そこで日本の航空自衛隊にもそういう訓練する組織が必要じゃないかとなったのです。その話を聞いた時から『俺は行くぞ』と決めていました」と、さらに厳しい表情で話された。

人事は「ひとごと」と書くので、自分では決められないはずでは、と感じたが……。

「私が第5航空団の飛行群司令の時、飛行教導隊が築城から新田原に移動してきました。その頃の教導隊は空中で2対2、2対4などのエアリアル・タクティックという空中機動訓練が主体でした。

そんな時、私が以前所属していた第204飛行隊の元隊長だった古賀昭典航空総隊司令官が視察に来られました。私は総隊司令官に『そんなんじゃないでしょう』と言いました。根本からやり直しますから、私に教導隊をやらせてください。そう訴えたんです。すると春になって『飛行教導隊司令を命ず』と辞令が下りました。私の考えていることを実践してもいいんだと思いました」

そう語る増田司令の顔に不敵な笑みが浮かんだ。やはり怖い男なのだろうか。増田司令の考えている訓練の内容を聞くことにした。

「戦時では、離陸を襲う敵がいる。帰投を狙う敵もいる。基地とはいえ、常に戦場です。『ようよう、我こそは～』の武士道では勝てない。戦場で離陸から着陸まで死なずに帰って来るのが、私が常に伝えている〝エアコンバット〟です。それは〝常に戦場だと思え〟〝ちゃんと生きて帰って来い〟という指導です」

増田司令が抜本的に改革したことは次の二点である。
●航空機の最大性能を知り、その力を最大限に発揮する訓練の実施
●常にここは戦場であるという、臨場感を持った空戦訓練の実施
もともと教導隊は創設期から日本各地の部隊を回っていたが、迷彩塗装のT‐2で、新たな教導スタイルを全国の部隊に広げ、現在に続く訓練基盤を築いた人物が、目の前にいる増田司令なのである。

「戦《いくさ》に勝てない軍隊なんて役に立たない。単なる税金泥棒だと思いませんか？」。その問いかけに、筆者は緊張して「はい！」と答えるしかなかった。

「私が防衛大学校に通っている時、休日に制服を着て実家に帰ったことがありました。電車から降りる時に『税金泥棒！』と言われたことがあります。その時、自問自答しました。税金泥棒って何だろ

第３代飛行教導隊司令の増田直之氏。「常に戦場だと思え」増田氏の指導は今もパイロットたちの念頭にある。いや、すべての社会人に必要な言葉だ。

う？　私が出した答えは『戦に勝てない自衛隊は税金泥棒ではないか』ということでした。では勝つために何をすべきか？　私のできることは何か？　再度、自分に問いました。そこで私のできることは、『戦になった時に誰も死なせないこと。それをきちんと後輩に教えること』という結論に至りました」

戦とは航空戦で戦闘機パイロットとして戦うことですよね？

「そうです。戦では何が起こるかわからない。私たち飛行教導隊は訓練にきたのではない。何をするかわからない敵が来たんだと思わせました。できるだけ実戦を想定した場を提供した。そこから自分で考えさせる。どう対処するか、どう生き残るかを、教導で指導したのです。戦いの基本は自分が死なないこと。味方を生きて帰らせることです」

教導隊の根っこにある精神がそこにあったと感じた。

F－104との出会い

増田司令は1937（昭和12）年、福岡県生まれ。防大4期。父親は炭鉱会社の幹部で、日本各地を転勤、太平洋戦争時はボルネオ（インドネシア）に出征。増田さんは子供の頃、炭鉱の地下600メートルまで降りた経験があるという。小学校2年生まで福岡にある母方の実家で医師である祖父に育てられ、福岡の空襲がひどくなると長崎県佐世保市に疎開。その疎開先の教師からサッカーを習う。このサッカーがのちに空自でさまざまな人と知り合うきっかけになったそうだ。

大学浪人している時、防衛大学校に入学した高校の同級生から、「防大に入れば、飛行機に乗れるぞ」と誘われる。滑り止めで防大を受験したところ合格し、電気工学科を専攻。2学年時の陸海空に分かれる際、「私は飛行機に乗りたいので空です」と空自を選択。この時も増田司令は、自分の進路は自分で決めた。防大3学年の時、後継機選定中のF－104戦闘機の写真を見て、「この飛行機に乗りたい」と思ったという。

なぜ、F‐104に乗りたかったのか聞いてみた。

「飛行機らしくないじゃないですか。まるでペンシルです。翼がない。そんな鋭敏な姿で、どんな動き方ができるかと思ったからです。

当時の規定では、総飛行時間1000時間乗らないと、F‐104に転換させてもらえませんでしたが、その条件を満たし希望が通りました。当時の最新鋭機はF‐4でしたが、私はF‐104です。初めて見た時からそう決めていましたから」

片思いが両思いになったかのような笑顔を見せた。自分の乗る飛行機を先に決めてしまった増田司令。教導隊から呼ばれていないのに自分から押しかけ、自分の意志を貫いたのも納得できる。

F‐104に初めて搭乗した時の感想を聞いた。

「この飛行機は、ゼネラル・エレクトリック社製のJ79型エンジンの方が機体より大きいんです。そのアフターバーナーが強烈で、離陸後に上向きに上昇するだけで音速を超えそうになるんです。信じられない飛行機。空中に自分が一人で浮いているような感じです。乗った瞬間、とりこになりました」

電信柱の先にガラスドームを付けてまたがっている感じ？

「まさにそうです。いわばロケットです。翼も薄い。鋭い先端で髭が剃れるといわれるくらい。その分手荒なことをしたら嫌がるんですよ。搭載できる燃料も少ないですし。F‐15はコンピューターで

1985年2月7日、第204飛行隊のF-104最後の訓練飛行に編隊長として飛んだ第5航空団飛行群司令時の増田氏。（写真提供：増田氏）

制限を超えないように動きますけどね」

Ｆ・１０４は旋回するのが難しいと聞いているが。

「Ｆ・１０４はクリーン（翼に何も懸架しない）な状態で７・33Ｇまで大丈夫なのです。マニューバー・フラップといって、４５０ノットまで出せるフラップがあり、これを下ろすと機動性が格段に向上します。地上近くでなら、速度を落とすことなく制限Ｇいっぱいで維持旋回できます。

Ｆ・１０４の最大性能を隊員に理解させるため、各人に事前に研究させ、１機をあたえて、自由に飛ばせていました。私もどこまで上がれるか試したことがあります。クリーンで、フルゴークルの宇宙服みたいなものを着て、マッハ２・０で高度を上げていきました。高度７万８

000フィートまで上昇しましたが、速度が150ノットに落ちてきて、そこで反転しました」

筆者はまるで映画『ライトスタッフ』の世界を感じた。

「私が第204飛行隊の隊長の時、当時の神吉《かんき》団司令に説明して、航空祭でF-104の性能展示を採り入れました。今では各基地の航空祭では当たり前ですが、米軍もやらなかったF-104の高機動デモを、最初にやったのは第204飛行隊です。『増槽タンクを外したF-104のなびく翼端過流(ベイパー)は伝説です』と今でも言われます」

増田司令の退官までの総飛行時間は約5500時間。そのうちF-104には約2500時間搭乗している。

今につながる教導隊のスタイルを確立

「私が教導隊司令として着任した時、教導隊長は冨永《とみなが》でした。冨永は防大10期で、彼がF-104に転換する時に、私のところに挨拶にやって来ました。彼も私と同じくサッカーをやっていたので、以前から知っていましたけどね。彼はサッカーが上手かった」

教導隊長時代の冨永隊長は写真では、すごく怖そうな表情をしていますね。

「いや怖くない。でも優しくはないか。酒は飲まない。パチンコは好きだった。教導隊が巡回教導の時、地元パイロットが通うパチンコ店に教導隊パイロットが立ち寄ることがあり、地元の彼らはそこで鉢合わせしないよう気をつけていたらしい。教導隊の中では冨永が怖がれていたのかもしれないな」

第 3 代飛行教導隊司令時代の増田直之氏。49 歳の頃。1986 年頃撮影（写真提供：増田氏）

当時のブリーフィング風景。1986 年頃（写真提供：増田氏）

増田司令と冨永隊長の新体制で、現在につながる教導隊のスタイルが始まったのですね。

「そうです。森垣も私と一緒に入ったし、酒井と山本もいた。それから冨田が入ってきました。西垣も神内も続いてくれた。ほかにもいいメンバーが揃っていた。ちなみに冨田は、私が飛行群司令時代に受けたF‐15操縦転換の先生でした。逆に彼が若い頃、F‐104に転換する際は、私も先生の一人でした。冨田とは不思議な縁があります」

増田司令の下にはすごい面子が揃っていたのだと、改めて感じた。

「彼らとはいつも侃々諤々の議論をしていました。その中で共感が生まれ、チームワークが育っていったのです。

教導隊としてみな同じ方向を向かんといかん。トップ一人ではとてもできない。皆がそのつもりでないとね。整備隊も含め全員でチームです。その考えで指導しました。とはいえ組織上、飛行隊パイロットは冨永の部下です。任務の大まかな方針だけを彼に伝え、あとはすべて冨永に任せていました」

増田司令自身もT‐2に乗り、各飛行隊の教導訓練に行かれたのでしょうか？

「当然です。行きます。訓練もやります」

冨永教導隊長にすべてを任せるといいながら、増田司令も率先して空戦の指導をされていたのだ。

筆者は、肝心なことを聞くのを忘れていたことに気づいた。司令のタックネームである。

「いや、そんなん使わんでも、俺が『お前、あれ』と言ったら、『あれ』がわかる仲なんです。生涯すべてTAC部隊（航空総隊）の任務で通しましたね」

TAC部隊への思いは語ってくれたが、やはりはぐらかされてしまった。

米海兵隊F-4部隊を納得させた最強コンビ

ここで一つ疑問が浮かんだ。F-104ファイターの増田司令は、いつT-2の操縦資格をとられたのだろう？

「私の教育隊時代はT-6だったからT-2は知らなかった。教導隊に行った時、T-2の先生が酒井だった。それまで彼のことは知らなかったけど、面白い奴でしたよ。酒井は、転換教育を始めた私に『テクニカルオーダーとチェックリスト、よく見とって下さい。F-104と同じですから』とそれだけですよ。そう言われても……」

増田司令は苦笑いを見せた。

「酒井がもう一度『読みましたか？』と聞いてきたので、『パラパラっとな』と答えたら、『じゃあ、松島に行って、シミュレーターやりましょう。乗る前にやらな、いかんから』ということで、酒井の後席に乗って松島基地に行きました。松島に着くと洒落たビジュアル付きのシミュレーターがある。それを見て『これすっげぇーな。フォーメーションはできるか？』と聞いたら、『できます』と言う。

1988年3月15日、ラストフライトから戻った増田隊司令。後席は酒井一秀3佐（撮影：三井一郎／文林堂「航空ファン」）

『ナイトは?』と聞いたら『ナイトも』と言うので、フォーメーションもナイトも一気にやった。その日は終わって飲みに行ったかな」

怖そうな兄ちゃん2人がゲーセンで遊んで飲んで帰ってきたような話にしか聞こえないが、実際一人は教導隊司令で、もう一人は教導隊最高のパイロットなのだ。

「翌日、基地に帰る時に酒井が『司令、昨日シミュレーターやったから、帰りは前席で』と言ってきて、もう前席かよ！て驚いたよ」

でも、増田司令は断らずに前席に座ったんですよね？

「もちろん。さらに、基地に帰ったら酒

井は『司令、チェックアウト終わったから、明日から早速ミッションです』って言うんだよ。俺に対する教育を見て、奴はすげぇーと思ったね。何も教えないのに、俺をT - 2に乗せ切ったからね」

それを見事に乗りこなした増田司令もすごいと思う。

「岩国の海兵隊F - 4と訓練をした時、前席が私で後席が酒井。僚機は誰だったか覚えていない。相手編隊のF - 4が攻撃してきたので、回避行動。続いて私が反対側に旋回した時、F - 4は引き続き僚機の方向に向かっていたので相手の腹側からやすやすと攻撃できた。相手の動きに僚機と阿吽《あうん》の呼吸で対応する〝ベリーアタック〟といって日頃訓練していた戦法の一つだった。デブリーフィングで米軍コマンダーは、撃たれたことを信じられないと言っていた。それを酒井が納得させた。彼の説明は三次元の動きを赤青のグリスペンで平面に描くから、いつもながら感心させられる。それも敵味方両方。当時は機動解析なんてないからね。目と感覚だけで把握しているからできるんだ。これにはさすがの米軍も納得しましたね。

空戦には、10秒前、5秒前、1秒前があり、今がある。そして1秒後、5秒後を考えて操縦する。この繰り返し。この時、相手には見えないところで、相手の想像を超える動きをすれば優位になるチャンスが生まれる。

飛行時はいつでも同じ。常に変化する事態に備えて操ればバーティゴ（空間識失調）も防げる」

増田司令をはじめとした教導隊の面々がその実力で米海兵隊を納得させたのだ。

増田司令を先頭に、積み上げてきた教導隊の努力や実績に敬服するとともに、筆者にとって教導隊パイロットの〝阿吽の呼吸〟が気になり始めた瞬間だった。

「酒井は俺と同じで、釣りが大好きなんだけど、竿《さお》で釣っているんだ。めちゃくちゃ高い竿で魚を騙したつもりで釣っている。だけど、魚は竿の値段なんて見えないわけですよ。教導隊で釣りに行った時、正木（正彦。当時の教導隊長）から『司令、何の音ですか？』と言われたが、実は俺、回すとキコキコ音がする油の切れたリールと竿を使ってたんだよ。

俺が教導隊卒業の時に、皆がすごく上等の竿と電動リールを贈ってくれた。それは今でも大事に使っています」

この話を聞いた時、筆者は飛行教導隊／飛行教導群がどんな組織なのか、人のつながりから解き明かそうと心に決めた。

当然、次に会うのは増田司令が『あいつはすげぇー』と太鼓判を押した酒井一秀氏である。

第2章 T‐2 AGRのエース——酒井一秀

エースの血脈をつなぐAGR

教導隊は自らをAGRと呼ぶ。AGRとはアグレッサー（Aggressor：侵略者）の略である。

次の取材相手の酒井一秀《かずひで》（78歳）氏は、航空学生（航学）20期。教導隊のパイロットの誰もが「T‐2 AGRのエース」と認める。タックネームは「メジャー（MAJOR）」。

指定されたホテルのカフェテリアにはすでにアロハシャツ姿の酒井さんが待っていた。口元には優しい笑みを浮かべている。目尻には高空での眩しい太陽光でできたと思われる小皺が刻まれており、その眼光は鋭い。教導隊の訓練で数百の相手機を撃墜してきた歴戦の強者の瞳である。

インタビューを始める前に筆者は、自分が理解しているブルーインパルスと教導隊の違いについて説明した。ブルーインパルスの前身は、１９６０年4月16日、第1航空団第2飛行隊内に「空中機動研究班」として設立され、その目的は名前の通り空中戦に勝つための空中機動を研究する組織である。空中機動研究班があるのに、１９８０年代に飛行教導隊／飛行教導群アグレッサー部隊（以下、ＡＧＲ）が作られた。つまり、最強の空戦を研究し、教える部隊がブルーインパルスからＡＧＲに変わったと解釈していた。

T-2 時代の教導隊でエースと呼ばれた酒井一秀氏。タックネーム「メジャー」。眼光鋭い眼差しにアロハシャツのコントラストが印象深い（撮影：小峯隆生）

筆者の話を聞いていた酒井氏が口を開いた。

「それは違う。空中機動研究班の当初の目的は『戦闘機パイロットに不可欠な操縦技術、チームワーク、信頼心、責任感、克己心を研究訓練し、技術と精神力の限りない練磨と向上を目指す』とある」

空手道場に飾られている額入りの標語の雰囲気である。空戦で常勝するとは書いてないようだ。

「そして、展示飛行の目的は『チームの力を最大に発揮し、難易度の高い編隊飛行の一端を多くの人に直に観察する機会を与えるとともに航空意欲の高揚を図る』と定められていた」

まさにブルーインパルスが全国の基地を回って航空祭で展示飛行をしていることも任務に追加されている。

「展示飛行の合間に空中機動研究班は学生教育の教官もしている。はっきり言って、空戦の空中機動を研究している時間はなかった」

確かに松島基地で見たブルーインパルスの訓練飛行は一日四回飛んでいた。訓練以外に学生教育もしていたとすれば、空戦機動を研究するのは不可能に近いだろう。

すると、AGRができたきっかけは、純粋に空戦に強い戦闘機パイロットを育成するためということになる。

「空中機動研究班は、第3代航空幕僚長を務めた源田実さんが発案したといわれています。源田さんは戦前に曲技飛行をやったり、終戦末期に三四三空を編成して戦技を磨いた経験があるから空自にも是非ということでブルーインパルスの前身である『空中機動研究班』を作ったということになると思います」

1930年代初め、源田実大尉（当時）は主力機であった90式艦上戦闘機3機で編隊（源田サーカス）を組み、全国各地を回って曲技飛行を披露し、戦闘機乗りを目指す青少年の航空意欲を高揚させるとともに地元有力者の愛国心に訴えて寄付金を集め、海軍機を作る資金とした。

１９４１年12月８日の真珠湾攻撃では航空参謀として参加。敗戦が濃厚となった１９４４年末、帝国海軍に残った歴戦の搭乗員を集めて第三四三海軍航空隊（三四三空）を編成し、自ら司令官に就任。最新鋭の紫電改を集中配備し、三機編隊が基本だったそれまでの戦闘機構成を二機に変更し、空戦における組織戦闘を学ばせた。厳しい訓練を経て、１９４５年３月19日、来襲した米艦上機１６０機に対して、三四三空は紫電改と紫電、計56機で迎え撃ち、52機撃墜した（三四三空は戦闘機15機を喪失）。

源田参謀は三四三空で鍛えた搭乗員を各基地の飛行隊に送り、二機編隊の新しい空戦技術を教え、本土防空戦に備えようとしたのではないかと筆者は推測している。

のちに第15代航空幕僚長になられた山田良市空将は、この三四三空七〇一飛行隊の分隊長だった。

酒井さんは言う。

「山田さんが空幕長を辞める１９８１年２月に飛行教導隊の発足が決まりました。源田さんがブルーインパルスを作ったように、山田さんが置き土産のようにアグレッサーを作ったと言っても過言ではないと思います」

帝国海軍のエースを集めて作られた三四三空は、米軍に一矢を報いた。

ならば、空自の飛行教導隊／飛行教導群は、帝国海軍三四三空の血統を継いでいることになる。

第3代空幕長の源田氏が、優秀なパイロット志願者を集めるために現代の源田サーカスであるブルーインパルスを創設し、三四三空で源田氏の部下だった第15代空幕長の山田氏が源田空幕長の後を継いで飛行教導隊を作った。

戦争末期、源田空幕長は帝国海軍戦闘機乗りのエースを集め、二機編隊による空戦の組織戦闘の基礎を紫電改で訓練した。戦後、山田空幕長がエースの血脈を継ぎ、ジェット戦闘機時代のエースを集め、強い戦闘機乗りを輩出している。

筆者は勝手に一人で感動していた。前述の3月19日の大空戦では、三四三空の高速偵察機「彩雲《さいうん》」が一機墜落している。その彩雲を設計されたのは内藤子生《やすお》先生で、筆者は東海大工学部航空宇宙学科で内藤先生から航空機設計を学んだ。

そんなつながりが三四三空と筆者の間にある。

もしかしたら、『蘇る翼 F - 2B』から始まった「翼シリーズ」は、この『赤い翼』を書くためだったのかもしれない。

「T - 2 AGRエース」の酒井氏が言葉の機関砲を撃ち続ける。

「教導隊ができた背景には、ベトナム戦争で米空軍が徹底的にミグ戦闘機にやられたことがあります。その時、空戦訓練しないといかんという認識が生まれたんです」

映画『トップガン』の冒頭の字幕と一致する話だ。

「米海軍のトップガンは学校で、米空軍のアグレッサーは対抗部隊です。アグレッサーはレッドフラッグという演習で対抗役をやっていました。自分たちがやっていたのは少し違うけれど、簡単に言えば各飛行隊の戦闘能力を上げることが教導隊の本来のミッションです」

『トップガン』は米海軍の空戦学校だが、空自は米空軍によって、その基礎が作られたのだ。

「最初はフィリピンのクラーク基地に所在する第26アグレッサー・スコードロンから、飛行班長以下三名のパイロットが来日して交流しました。『次はぜひ見学に来てくれ』と言われて、その様子を見学させてもらいました。そこから始まったんです……」

AGRメンバーの誰もがエースと認める酒井氏が不敵な笑みを浮かべた。T‐2のコックピットでもそんな笑みを浮かべていたのだろう。筆者の背筋に冷たい戦慄が走った。

F‐104の最後を見届ける

戦闘機乗りになろうとしたきっかけについて尋ねた。

「昭和38年くらいかな、F‐104戦闘機が登場する映画を観たんです。そこでは『最後の有人機』と紹介されていました。それを観て、『人が乗る戦闘機はもうなくなるんだ』と思いました。同級生に自衛隊地方連絡部の海自三佐の息子がいて、そいつが『自衛隊に行ったら簡単に飛行機に乗れるぜ、戦闘機に乗れる』と言うんです。それで、試験の資料などを持って来させて、航空学生の試験を受けたら通ってね。１９６３年、18歳で入った」

約60年前の話である。

「ただね、自分で希望したからって、戦闘機に乗れるもんじゃない」

でも酒井少年は、希望通り戦闘機乗りとなった。

「最初はＦ‐86、あれはいい飛行機だよ。いまみたいに複座の練習機とか、シミュレーターはないから、最初から一人で乗って飛ぶ。怖いというより緊張したね。Ｆ‐86には２０００時間乗ったよ。その後、Ｆ‐４かＦ‐１０４のどちらか選べと言われて、俺は単座がいいので、Ｆ‐１０４を選んだ」

酒井さんは絶対に複座に向かない戦闘機乗りだと思う。一人ですべて決めて相手機を落とす必殺の職人だ。こうして最後の有人機と呼ばれたＦ‐１０４にようやく乗れることになった。

「スポーツカーに近いキャデラックみたいな感じだった。乗り心地はいいし、安定性は抜群で、とにかく速い。ただ、空戦で能力を引き出すにはいろいろ制約があって、やっかいだった」

そして、酒井さんはＦ‐１０４の最後を見届ける……。

「１９８０年代、千歳の第２０３飛行隊はＦ‐１０４から最新鋭のＦ‐15に機種改変中だった。Ｆ‐15の戦力をアップするために、標的をやったり、いろいろやった。その時のＦ‐15側の飛行班長が二期上の18期の森垣さんだった。一緒にランニングしたけど、彼のパワーはすごくて感心したよ」

のちに森垣飛行班長は教導隊に呼ばれる。

酒井さんに話を戻そう。

「一度だけF-104飛行隊で教導を受けているんだよ。エリート集団は違うなと思ったね。でも、あんまり空戦が強いという印象はなかったな。『お前、F-104はそんな戦い方をしないだろ』とボロクソにけなされた」

すべてのF-104がF-15に機種更新され、酒井さんの仕事は終わった。

「第203飛行隊の仕事を終えると、群司令に『酒井、お前どこに行きたいか?』と聞かれて『教導隊』と即答。群司令は『わかった』と、それだけだよ」

「赤い翼」の誕生の瞬間

酒井さんがAGRに行った当時、基地は築城から新田原に移動していた。

「部隊を作った人はほとんど知っていたけど、俺の第一印象は『よくこれだけ頑固者を集めたなー』だったね」

もちろん、その頑固者に酒井氏も入っている……。

「あんまり、下手くそを集めても、使い物にならないからな」

腕に自信ありの頑固者たちが集められたのだ。

「12～13人、それしかいない。飛行隊の飛行班長は指導的な立場だけど、教導隊では俺の上に5～6人おったかな。だから、そんな簡単にはいかんよ。でもすぐなじんだけどね」

それは、酒井さんの技量があったからに違いない。

「飛行機は、T‐2が5機しかなかった」

頑固者の猛者が12～13人、飛行機が5機、それが当時の教導隊の姿だった。

1940年8月19日、零戦が中国戦線で初陣を飾った。その時の機数は12機、単座なのでパイロットの数は12人。筆者はその時の零戦戦闘機隊と教導隊の姿が重なって見えた。

だが、零戦は当時の最新鋭機で、1980年代初頭の空自の最新鋭戦闘機はF‐15だった。教導隊にはF‐15がふさわしいのではないか。

「T‐2になった理由は詳しく知らないけれど、当時の脅威対象がミグ21とかミグ23で、その大きさと性能はT‐2に似てなくもないということだったと思う。費用や整備などの国内事情も考えて、T‐2になったんじゃないかな。

岐阜にいた時、T‐2の発展型となるF‐1支援戦闘機の開発の飛行試験は俺がやっていた。だから、T‐2の操縦資格はすでに持っていたんだ」

当時の最大の仮想敵はソ連空軍だ。その戦いに勝つために教導隊が作られた。その教導隊が全国の戦闘飛行隊を回って教導する全国巡業のスタイルはどこから生まれたのだろうか？

「それは費用対効果。少人数の教導隊が移動したほうが、訓練できる人の数も多くなるから」

初期の頃、教導隊機はソ連空軍機に似せていた話をよく聞く。

「教導隊ができた時から、塗装の話はあった。だけど、T‐2は機体の外板が薄い。塗装を剥す時に傷つきやすいという理由で当初は見送られた。でも第3代隊司令の増田直之さんが、教導を受けるパイロットに緊張感や臨場感をもっと与えようとして始めたんだ。単なる、DACT（Dissimilar Air Combat Training：異機種間戦闘訓練）じゃないぞって。大変だったのは整備員だ。一機ごとに塗装がすべて違うんだ」

ソ連空軍機に似せた塗装の教導隊機。「赤い翼」の誕生の瞬間だ。

教導隊の有名な髑髏（ドクロ）のワッペンと、毒蛇の部隊マークはどのような経緯で決まったのだろうか？

「先輩から聞いた話だけど、最初はアグレッサーのコールサインをどうするかとなって、スカル（髑髏）に決まった。次にGCIO（地上で戦闘機に指示する管制要員）のコールサインをどうするかとなってコブラに決まった」

地上にいるGCIOが地を這うコブラで、その指示で戦闘機が空中で敵機を襲い、撃墜されたパイロットは髑髏になる……。恐ろしいイメージはこうしてできた。

F-1 戦闘機開発では試験飛行を担当。上空で T-2 を戦闘機にする方法を知っていた。写真は 1989 年頃（撮影：三井一郎/文林堂「航空ファン」）

「当時、防大13期の先任要撃管制官の妹の旦那がデザイナーで、その人がいろいろ図案を出してくれて、結果的に今も使用しているデザインに決まった。髑髏とコブラ。髑髏の額には赤い星が付いている。多少、ソ連を意識したのかもしれん」

ソ連空軍的な編隊戦闘の動きを上空で再現していたのか聞いてみた。

「それらしいことはやっていた。今でも似たようなことはやっていて、それらしくやっている」

筆者が、ソ連空軍の戦い方ってどんな感じなんですかと聞いても、酒井さんはニヤリとしたまま答えてくれない。酒井さんの顔が赤い星を額に付けた髑髏に見えてきた。

そこで質問を変えた。教導隊の会話はロシア語を使うんですか？

「教導隊語録という門外不出のノートがある。そこには絵入りでポカミス（不注意のミス）などいろいろと書かれている。そこに登場する教導隊員たちは『○○スキー』とかロシア人らしい名前を付けていたよ」

酒井さんは「サカイスキー」なのだろうか？

「俺はヘビースモーカーだから、えーとなんだったかな……」

筆者は怖くて「モクモクイワンとかですか」なんていう冗談は言えなかった。

ソ連空軍機に似せた教導機に乗るパイロットはソ連空軍パイロットだ。飲み会はウオッカを飲んでカチューシャを歌う……。

「違うよ。スナック借りて、宮崎だから焼酎飲むよ。一升瓶が次々と空いて、床にゴロゴロ転がっている」

やはり海賊に近い空賊の飲み会だ。

「隊司令の増田さんが料理上手で、カウンターの中に入って調理してくれた。魚料理がメインでいいもの食わしてもらったよ。教導隊長の富永さんは一見恐ろしい顔をしているけど、酒はまったく飲めない。だけど飲み会の雰囲気が好きだから参加する」

ソ連空軍役の荒くれパイロットたちは、親分が調理した魚料理を食べ、教導隊長は酒がまったく飲めない……。筆者の抱いていたイメージとだいぶ違う。

「それで、太ったスナックのママが、『終わり』と言ったらそこで飲み会はおしまい」

猛者よりもスナックのママが最強なのだ。

「俺は酒は強いし、ヘビースモーカー」

いちばん怖いのは酒井さんなのか？

「怖くないよ」

酒井さんは笑った。

ある空自パイロットから聞いた実話がある。ある日、奥さんと夜の繁華街を歩いていると、「あなた、ヤクザよ」と小声で言われたという。正面から髑髏のパッチの付いたジャンパーを着た男たちが歩いてくる。なんと彼らは昼間、教導してくれた教官たちだった。「ごめん、空自のパイロットで、教導隊の方々だよ」と妻に伝えたという。

本人が怖くないと言うほど、傍目からは怖いものである。

「ある教導隊員の奥さんが『ウチの旦那は『教導隊でいちばん怖かったのは酒井さんだ』とよく言っていた』というの聞いて『えっ？』となったくらいだよ」

やはり超怖い存在だったということをご本人は気づいていない……。

「Ｆ‐15を何度か追い詰めたよ」

ＡＧＲに行った酒井さんはしばらくすると立場が激変する。

「経験的にすぐに上になって教導隊を鍛える立場になった。映画『トップガン』の中で主人公のマーヴェリックに意見を言っている人がいるじゃない、あんな立場だよ」

酒井さんは言葉で意見するより、空の上でねじ伏せるタイプではないだろうか？

「空ではほとんど負けてなかったから、結果はそうなるんだけど、地上で居丈高というか高圧的になる必要はない。『結果はこうだったよね。それは何で？』というところから入った」

タバコの煙をブハーッと相手に吹きかけて怖がらせるとかは……。

「いや、極めて紳士的に言ったよ。こっちは先輩だから、それだけで飛行隊のパイロットはピシッとなる。でも、何人かの先輩は恐ろしい口調で言ってたな」

教導隊の教導訓練については、これまでＦ‐4、Ｆ‐2、Ｆ‐15のパイロットからいろいろ聞いている。いずれも空では教導隊が圧倒的に強いという。

「経験積むとね、翼がちょっと動いただけで、相手がなにを考えているかわかるんだよ。『あいつ迷ってるな』とかね」

キャノピー越しにパイロットが、『もう、ダメだー』という顔が見えるのだろうか。

「顔は見えないよ。まず相手のスピードと高度を読み取り、ほんの二〜三手先でいいんだよ。それを読んであらかじめ手を打つ。相手機がこちらの読んだ通りに動けばしめたもんだ」

零戦の撃墜王・坂井三郎氏から直接聞いた話だが、「乱戦が始まったら、空をサァーッと見渡して、各敵機が1〜3秒後にどこにいるかが見えたら、その空域の一点に全速で行けばいちばん初めに落とせる」と言っていた。

「通じるところがあるね」

これと同じことをサッカーの中田英寿選手から聞いたことがある。ゴール前でパスを出す時、敵味方選手の未来位置が見えて、どのコースにキラーパスを出せばいいかがわかるという。

「二〜三手先を読むっていう点では考え方のプロセスは同じかもしれないなー」

筆者の中で、零戦の坂井三郎氏、サッカーの中田選手、アグレッサーの酒井さんが同一線上に並んだ。

「いろんな先輩に教わりながら、いつの間にか見えて来るんだよ。DACT（異機種間戦闘訓練）の概念ができ始めた時に2対4でやったりとか相当やって、その積み重ねだよ」

相手機のちょっとした動きから、パイロットの精神状態や次の動きが読める。当然、自分は相手に見透かされないようにしているはずだ。

「それは騙《だま》し合いだよ。後ろに付かれたら終わりだから、行くと見せかけていかない、行かないと見せかけて行くとか」

Ｔ‐２で、Ｆ‐15を相手にする時、キャノピー・ツー・キャノピーで水平旋回しながら相手機の次の動きを読み合うのだろうか。

「Ｆ‐15とやる時は、Ｔ‐２は劣勢機なので、そうなったら負けるから、まず逃げたほうがいい。優勢機と１対１でやるのは意味がない。だから、いったん相手のレーダー範囲外に出る。Ｆ‐15導入初期の頃には、Ｆ‐15を何度か追い詰めたよ。地上にいる時に顔を見て、若いな、判断力はたいしたことないなと思ってね」

やはり地上から空戦は始まっている。さらに酒井さんは続ける。

「Ｆ‐15との性能差もあり、ＭＲＭ（中射程ミサイル）機能を持たないＴ‐２では、Ｆ‐15飛行隊への教導に限界も感じ始めていた。Ｔ‐２事故への対応もあって、増田司令と一緒に上京し、Ｆ‐15への機種更新の前倒しを上申しました」

四国沖の日米決戦

突然、酒井さんは初期の教導隊の恐るべき話を語り始めた。

「岩国におったF‐4Sを使っていた米海兵飛行隊の司令官から冨永教導隊長に電話がかかってきた。『ウチとやってくれんか？』とね。冨永さんは断ったんだが、どういうわけかやることになった」

1980年代初頭の米海兵飛行隊のメンバーの中には『トップガン』で鍛えられた猛者もいる。そして、トップガン卒業生から空戦を学ぶ強者だらけだ。つまり、この空戦訓練はトップガンvs教導隊の対決となる。

「四国沖の空域に両方が飛んできて、そこでやった」

拙著『永遠の翼　F‐4ファントム』の中で、ガメラさんがF‐4をマッハ2で飛行した広い空域だ。そこでT‐2教導隊とF‐4S米海兵飛行隊がガチで戦った。

「1週間やって、ウチが撃たれたのはミサイル1発だけ。あとは全部やっつけた」

トップガン仕込みの米海兵飛行隊を全機撃墜し、損害はわずかに1機。かつて三四三空ができなかったことを四国沖で実現したのだ。

「米海兵パイロットはやられたことに気づいてない。だけどT‐2のガンカメラの証拠があるから納得せざるを得ない。パイロットたちは悔しがってたね。でも、米軍のすごいところは、そのあと岩国基地から情報幹部がやってきて、どうやってやられたかを知りたいというので、ガンカメラのフィルムをすべて見せてあげた。それだけでは納得せず、根掘り葉掘り聞いてくるんだ。それで、機動図を描いて概略を教える。すると、情報幹部はさらに不明な点を聞いてくる。それには感心した。結局、納得して帰って行ったよ」

まさに米海兵飛行隊を教導した？

「いや違う。相手は米海兵だから、こちらが教える立場にない。対等の立場で伝えた」

筆者は単純にカッコいいと思った。これぞエースたちの矜持である。

1週間続いた空戦訓練は、空自教導隊は1機失うも、米海兵飛行隊を全機撃墜。当時、存命中の源田実元空幕長がこの報告を聞いたかどうかはわからないが、もし報告を受けていたらどんなに喜ばれたか想像に難くない。

教導隊の恐ろしさ

これまで「翼シリーズ」を取材するなかで教導隊の恐ろしさに関する現場の声を耳にした。たとえば離陸するまでのコントロールタワーと教導隊機のやりとりを聞くだけで、教導される飛行隊パイロットたちは飲まれてしまうという。

「アグレッサー、チェックイン」

教導隊の編隊長の地の底から響くような声が聞こえる。だが教導隊員はすぐに応答しない。やがて、「ツー」「スリー」とカウントを取るように、あるいは髑髏の数を数えるようにレシーバー越しに聞こえてくる。その時点でパイロットのビビりは極限まで高まる。

「そういう緊張感を与えるのもこちらの役目だからな。実戦ならもっと緊張するだろうし。まあ俺も実戦はやったことないけどね」

そう言うと、髑髏が笑ったら、こんな感じなのかなと思わせる笑顔を浮かべた。

ほかにもブリーフィングルームで「空戦訓練で負けたら、お前らの車のキーを置いて行けよ、俺らがもらうから」と言われたという滅茶苦茶怖い話が伝わっているんですが……。

「その事実があったことは認めるよ。でもそんな言い方じゃなくて冗談めかして言ったんだよ」

言ったのは鷲神様の一人である森垣さんなのだろうか？

「それを言ったのは森垣さんじゃないよ。誰だか知っているけど……」

再び酒井さんの顔に不敵な笑みが浮かんだ。筆者は、だんだんその雰囲気に飲み込まれ始めていた。

たぶん教導の時もそうなのだろう。数千時間の飛行経験を持つ空自の猛者たちを前にすると、まだ数百時間にも満たない若いパイロットは威圧される。

訓練後のデブリーフィングで四機編隊長の資格を持つパイロットが上空での教導隊との空戦がどうであったか説明を開始する。

その間、数千時間の猛者たちは黙って聞いている。パイロットの説明に間違いがあれば、すかさず教導隊が「いや、そーじゃねーんだよな」とドスのきいた声で割って入る……。

米海兵隊は配備されたばかりの最新のF-4Sで他流試合を申し込んできた。受けて立つ酒井一秀氏はT-2練習機でF-4Sをすべて撃墜した。

「もっと優しく言うよ（笑）。指導している側は、パイロットがあそこでミスしたと気づいたら、そこで指導を止める。すぐに答えを教えず、自分で考えさせる」

おそらく、その場では答えを聞けない雰囲気が漂っているはずだ。若いパイロットは上空で落とされ、地上のブリーフィングで再び落とされる。二回も撃墜されるのである。完璧にノックアウトだ。

突然、酒井さんが語り始めた。

「小峯さんの『鷲の翼』の中でベリーサイドアタックの話があったけど、当初はそんな名前ついていなかったんだよ」

思わず立ち上がりそうになった。だが、ここは教場ではなく、インタビュー中の喫茶店だ。うなずくので精いっぱいだった。

「基本的に敵機を落とす最も簡単な方法は、相手が気づいていないうちに落とすことだ。そのためにどうするか。たとえばこちらが2機で相手が1機だったら挟み撃ちにする。『行くぞ！』と見せかけて、もう1機が知らんところから黙って撃ち込む」

筆者は「それがベリーサイドアタックですねー」と返事したいのを必死にこらえた。この雰囲気が初期の教導の怖さ、相手に飲み込まれる瞬間だ。こんな時は、F‐15に襲われたT‐2同様、いったん全速で逃げて、もう一度、場を作る。別の質問を酒井さんに投げかけた。教導に行った先で、「こいつはすごい」と思うのはどんな時ですか？

「だいたいすぐにわかるよ。目は爛々と輝き、聞いてくる質問の内容とかでわかる」

すごいパイロットはどんな質問をしてくるのだろうか。

「若い連中は、普通はなかなか質問できない。立場がウイングマンなら、なおさらできない。その中で要点をきちっと突いた質問ができる奴はすごいよ」

反対に酒井さんから教導を受けているパイロットに質問することはあるのだろうか。

「時々、聞くよ。やる気のある奴はすぐにわかるから」

筆者は、やる気のある奴を精いっぱい演じていた。

未来のＡＧＲ

現在、教導隊はＦ‐15ＤＪを使用しているが、近い将来、Ｆ‐35を導入するというのはどうだろうか。

「それはありだと思う。相手が第5世代のステルス機を持っていて、どんな使い方をしてくるか対処しないといけない。そこにＵＡＶ（無人機）が加わったらえらいことになる。第5世代機とＵＡＶが一緒になってネットワークでつながったら、どこから撃ってくるかわからない。まさにクラウド・シューティングされることになる。Ｆ‐35Ａは単座機だが、教導隊も導入してやらないといかんと思う。

F‐35はセンサー機の役割としてはいいと思う。教導隊は2035年くらいまで第5世代のF‐35と第4・5世代のF‐15がごちゃ混ぜになる。その先は第6世代機だね」

「壮絶T‐2教導隊」

「パイロットたちが、戦闘機ならばアグレッサーに行きたいと言ってくれるのは非常にありがたい。若い世代にそう言わせようとしてくれる人がいるのはうれしいことだよ」

そう言う酒井さんの視線の先に筆者がいた。筆者の思いは、ブルーインパルスを見て戦闘機パイロットになり、次の目標としてアグレッサー部隊がある。そんな次世代の若者が一人でも多く現れてほしいと思っている。

「T‐2時代に三件の事故が起きている。で、貴重な仲間を五人も失っている。そんな悲しいこともあって、『壮絶T‐2教導隊』と言いたいくらいだ。だから、そういう時代だったということをまず知ってもらいたい」

酒井さんの重い言葉を胸に、筆者は次のエースに話を聞かなければならない。それは教導隊関係者たちから、「ミスターAGR」と呼ばれる神内裕明氏だ。

酒井さんに第12代飛行教導隊司令を務めた神内さんとの出会いを聞いた。

「ある日、増田司令から『今度、若いのが来るから』と言われて、それが神内だった。彼をひと目見てすぐに、こいつはできるとわかったよ。でも、最初は神内も物すごく苦労したと思う。でも出身は北海道、タフで絶対にへこまなかったね」

第201飛行隊の部隊マークは、北海道のヒグマだ。

酒井さんは神内さんに厳しい指導を課したに違いない

「冗談で、あいつに『お前、釣り竿を買わなかったら教導隊はクビだぞ』と言った（笑）。そんな深い付き合いをして来いよっていう意味だよ」

第3章　ＡＧＲを知り尽くした男——神内裕明

ＡＧＲに計四回勤務

神内裕明《じんないひろあき》（68歳）、防大21期。防大空手部。Ｔ－２時代に飛行教導隊班員となり、Ｆ－15時代に飛行班長、１９９８年に第11代教導隊長、２００３年に第12代飛行教導隊司令となる。

ＡＧＲに計四回勤務し、班員から飛行教導隊司令まですべてを務めたのは神内氏ただ一人である。ＡＧＲのすべてを知り尽くした男と言っても過言ではないだろう。

北海道千歳基地の近くにお住まいの神内さんのご自宅に伺い、取材させていただいた。

神内さんは前出の酒井さんを崇拝していると聞いていたので、まず酒井さんの取材の話から始めた。

「酒井さんは理論的だし、腕はピカイチ。最も尊敬できる、目標とすべき操縦者です。増田司令も全幅の信頼を置いていたように思います。皆が一目おいており、酒井さんの言うことは聞いていたんじゃないかな」

神内裕明氏。T-2 と F-15 で 4 度の教導隊を経験し、第 12 代飛行教導隊司令を務めた。

その酒井さんから、「釣り竿を買わないと教導隊はクビだぞ」と言われたそうですが……。

「覚えてますよ（笑）。だって『釣り師にあらずんば教導隊パイロットにあらず』と言われたので、すぐに買い行きました。でも、その釣りが船で行く海釣り。数回はなぎの時に海釣りを経験させてもらいました。しかし、波が荒い時、船で港から出たとたん船酔いしました。釣り場に到着後、『酒井さん、ちょっと餌を付けて下さい』と頼んで、吐くのを必死にこらえていました。そのうち酒井さんが『お前、釣れてるぞ』と教えてくれて、『あっ、すみません、釣りあげて下さい』とお願いしました。ひと晩、釣りをせずに船の上で苦しみました。朝になって港に帰るかと思ったら釣り場を変えてまた釣り。それ以降、船釣りは勘弁してもらいました」

教導隊の最高の苦難は空中ではなく、海上だった。

以前、取材で森垣さんは素潜りの天才と聞いていたが、空中ではどうなのだろうか。

「森垣さんは勘が良く、体力も人並み外れている」

筆者の脳裏に1993年に宮崎キャンプでお会いした長嶋茂雄監督と森垣さんがだぶった。天才肌なのだ。長嶋監督に打撃を学ぶと「だから、こーきて、こうでこう」と教えるが、普通の人にはわからない。

「そうそう。森垣さんはそれに近いと思います。酒井さんは努力すればできそうな技術を教えてくれる。森垣さんの指導はよくわからない時がある。『普通の操縦者ができるように教えて下さいよ』と言いたかった」

それでダメなら仕方ないというタイプ

いつからパイロットになろうと決めたのか尋ねた。

「最終的には防大3学年の体験搭乗でしたね。静浜基地でプロペラのT‐34練習機メンターに乗った時です。前席操縦者は防大空手部の先輩で、『俺が乗せてあげよう』と言って、富士山を見ながら、アクロ飛行してくれました。感動しましたね。直線飛行で持ってみろと言われ、操縦しているつもりになっていたら、『お前、めっちゃ、いいぞ』って持ち上げられて……。何もしなければまっすぐ飛ぶように先輩がセットしていたのだと、数年後にわかりました。

私は、北海道の女満別《めまんべつ》の生まれで、近くに空港がありました。中学の修学旅行で千歳空港に行った時、千歳基地のマルヨン（F‐104J戦闘機）が見えました。それが戦闘機を初めて見た時です。高校3年生の時、同学年に戦闘機マニアがいて、彼から戦闘機の話を聞き、航空学生を受験しようと思いましたが、試験は終わっていました。それで防大もあるというので受験したら合格。その友人も防大に進学しました。

1学年時、鼻(副鼻腔炎と鼻中隔湾曲)が悪くてパイロット適性がないことがわかったんですが、何となく戦闘機に関わる仕事がいいかと思い、2学年進学時に航空を希望しました。体験搭乗後、防大卒業までに鼻の手術をすればパイロットになる可能性があるとのこと、ダメならダメでしょうがないと思い、卒業前の3週間で3回の手術を受けました。幹部候補生学校に入校後、もう一度、操縦適性検査を受ける機会があり、無事合格することができました。操縦者への道が始まったのです。努力はします。でもそれでダメなら仕方ないというタイプですね」

意外な言葉だった。根性で真っすぐに人生を貫かれるタイプと思っていたが、違っていた。物事をあまり突き詰めて考えず、やれるならばやる。一か八かの勝負をしない手堅い勝負師なのだろうか。

「最初は小松基地に配属されました。戦競(戦技競技会)に出たりしながら、F-4の後席を2年やり、前席に転換しました。この時、タックネームを決めました。三文字の濁音入りが良いと思い、神内のJを取って『ジャック』にしました。

前席資格取得1年後、2機編隊長の資格をとるための訓練を開始しました。空手の影響でこれまで舵が荒く、編隊飛行の1番機訓練では最初の頃苦労しましたね。この飛行隊にも空手部の先輩操縦者がおり、後席の頃から面倒をみてもらいました。2機編隊資格を取得した頃から戦闘機が面白くなり始めたと思います」

その後、神内さんは4機編隊長の資格を取得。ブルーインパルスから班員の誘いがきたが、まだ教官の資格をとっていないので断ったという。しかし、それが教導隊へ行くきっかけにつながった。

「突然、『教導隊に行け』と言われて、『えー教導隊ですか？　私が行くのですか？』と聞き返しました。当時、教導隊を嫌がっている先輩操縦者もいました。それで『断れないですか？』と隊長に聞いたら、『教導隊の増田司令から言われている。たぶんお試しコースだよ』と言われ、団司令にも教導隊に行けと言われて教導隊に行くことが決定しました」

その時、神内さんは小松のF‐4飛行隊で4機編隊長、教官操縦士として飛行隊の中核となっていた。教導隊に行けば、また、『ぺーぺー』と呼ばれるいちばん下になってしまう。それだけの猛者が集まるのが教導隊だ。

教導隊に行ってみて、やはり皆が嫌がる雰囲気だったのだろうか。

「行ってみると、それほど違和感ありませんでしたね。個人的に話をしても、普通の先輩だし、教導隊での訓練でも上から目線の感じではなかったです。年の離れたぺーぺーですから、気を使ってくれたのでしょうね。

教導隊の訓練に2機対2機の訓練があります。2機のうちの1番機前席が自分で、後席に教官が乗っています。2番機も教官が僚機を務めます。対抗機2機も教官です。地上に降りて来ると1対7のブリーフィングが始まります。もちろん、全員先輩操縦者です。最初は対抗機側の4人の教官から指導があります。次に自分の2番機の前後席の教官から指導があり、最後に、自分の後席の教官から指導があります。頭ごなしではないですが、指導内容が多くて後からゆっくり考えないと頭がついていかない。でも、いろいろな視点からの指導なので、勉強にはなりましたね」

神内さんはへこまない。それほど熱意を持ってパイロットになったわけではない。「努力はするけど、ダメならば仕方ないという人生」なのだ。こういうタイプは打たれ強い。

そんな神内さんの資質を見抜いたのが「T－2AGRエース」の酒井さんだ。

「教導隊の空戦訓練のあとで、その空中戦闘の経緯を機動図に描くのです。自分が攻撃しているか攻撃されているかの違いならわかりますが、酒井さんに一度『お前、そこに描いてある絵、角度が20度違うだろう』と指摘されたのです。ハイGで動いている機体の『機首の向きが20度違うだろう』と言われたってねー。今でも覚えてますよ。もう『はあっ？』って感じ。『こんな機動図は俺に描けない。もう無理。教導隊でやっていけるのかな？　好きにして』って、言いたい感じですね（笑）。ただ、『酒井さんの年齢に達した時は負けてないぞ』という気概は持っていましたね」

増田司令から『今度、若いのが来るから』と言われて、酒井さんは神内さんをひと目見てすぐに『こいつは絶対に諦めねー』と言った通り、神内さんは計四回のAGR勤務で飛行教導隊司令までいく。

「私は4回も教導隊に行くとは思っていませんでした。同じ部隊に4回も行くのは前例がないですよね。初回はもちろん行く気はなかったですし、2回目はF－15に機種転換しただけで飛行時間が少な過ぎ、3回目は希望していた飛行隊長を終了しまだ空幕2年目、4回目の時は昇任後期間が短く、ないだろうと思っていました。推薦してくれる人がいたおかげで教導隊に4回在籍できたのはパイロット冥利に尽きると思っています。光栄です」

教導隊のすごさを思い知らせる

当時、ソ連空軍らしく飛ぶコツなど教えられたのであろうか。

「それらしいことはやっていましたが、これがそうだとは聞いていません。ぺーぺーで知らなかったのかもしれませんが、機動に関する現場レベルの戦術情報はなかったと思います。教導隊は苦労して、フィリピンの米空軍アグレッサー部隊とやりながら、ソ連らしさを演じたと聞いていました」

教導を受ける飛行隊は、金庫に厳重に仕舞われたソ連空軍機と搭載しているミサイルの性能を書いた極秘文書を取り出す許可をもらい、そこで読む。メモは禁止、記憶だけ。そして、赤い翼の教導隊が基地に来襲して教導訓練を開始する。

「『鷲の翼』に、西垣さんが、『ロシアの戦闘機は、今、そんなミサイルの撃ち方をしてくるのか？』と聞くところがありましたね」

筆者の背筋に冷たい物が走る。神内司令の取材における教導が開始されたのだ。

『鷲の翼　F‐15戦闘機』には次のような記述がある。

「当時、飛行教導隊の飛行班長は、かつて西垣隊長が育て鍛えたパイロットの一人でした」と高木氏は言う。

ふつう飛行隊からすれば、飛行教導隊の巡回教導はいわば〝稽古をつけていただく〟という感覚だ。つまり、生徒が師匠にご指導を乞う姿勢だが、西垣隊長率いる第３０４飛行隊では、そんな雰囲気はまったくなかった。

訓練後のブリーフィングで、教導隊パイロットが「ここでミサイルを撃った」と言うと、西垣隊長からすかさず物言いがつく。

「おい、ちょっと待て、それはどこの情報だ？　ロシアの戦闘機は今、そんなミサイルの撃ち方をしてくるのか？」

このひと言でブリーフィングルームに緊張が走る。

このシーンだ。第３０４飛行隊の西垣隊長が、教導隊の教導に対して物言いをつけたのだ。

筆者は何が飛んで来るのかわからないので身構えた。

「その時の状況がわからないので何とも言えませんが、私がその場にいたら『考えを聞かせて下さい』と確認します。情報の違いなのか、認識の違いなのか、教導隊のミスなのか確認し正せばいい。これは、隊長ではなく、部隊の初級者に指摘されても同じことです」

T‐2練習機は、F‐15に対しては劣勢機で、同数では簡単に落とされる。F‐15より多い機数のT‐2があれば、F‐15と対等に戦え、さらには落すこともできる。T‐2に落とされたF‐15のパイロットは、教導隊のすごさを知るのである。

教導隊内での真剣な事前ブリーフィング（写真提供：神内氏）

ビス１本のゆるみも見逃さない入念な外部点検（写真提供：神内氏）

この話を筆者が最初に聞いたのは、『鷲の翼』の取材中だった。教導隊の森垣さんの乗るT‐2にF‐15があっさりと何度も落とされたことをイーグルドライバーたちから聞いていた。

T‐2しか持たない教導隊がF‐15飛行隊を教導するには、実力で捩《ね》じ伏せるしかない。だから、着陸後のブリーフィングで、勝敗談義をしないとならない。

「T‐2の時は、レーダーより自分の目『メーダー』で相手を見つけたほうが早いですから。当時の教導隊操縦者は皆そうだったと思います」

神内さんはあっさり言った。

教導隊の根っこにある精神

神内さんの2回目のAGR勤務は総括班長、飛行班長だった。

「2回目は、F‐15に機種転換して指揮幕僚課程を卒業後、沖縄の司令部勤務の次の勤務でした。T‐2の頃の教導隊の操縦者が『F‐15教導隊でも』ということで、教導隊に転勤になったんですが、F‐15の飛行時間が少なすぎて不安でした。総括班長をしながら必死でF‐15の勉強をしました。幸いF‐15のベテランがいましたので、教えてもらいながら勤務していました。2年目に飛行班長を拝命することになりました」

教導隊では「ジャック」というネームはすでに使われていた。

「それで、短くて濁音付きの言葉を辞書で探していたら、『JOY』があった。楽しいという意味で、自分はネクラだから、それがいいかって。洗剤のJOYというのもあったけど、まぁいいかなと」

パイロットの腕を磨く恐るべき教導洗剤ジョイの誕生である。

当時は映画『トップガン』に出て来るソ連空軍戦闘パイロットのように、クールにトリガーを引く感じで、ガンカメラを作動させるのだろうか。

「外から見れば常にクールだと思います。飛行機は精神力では動かない。トリガーを引いている間も弾を命中させることや敵撃墜後の回避機動に注力していると思います。今はミサイル戦なので発射操作は瞬時に完了します。しかし、即、状況把握、攻防判断などの必要があり、冷静さが求められます。教導の場合は、さらに部隊側の状況確認、訓練の組み立てなどを考えなければならない。この間、無線通信もあり、頭の中に余裕はないです」

『トップガン』の熱烈なファンの筆者にはほかにも聞きたいことがあった。映画の中で先行する味方機の後方にミグが迫る危険な状況で、主人公のマーヴェリックはF‐14をその背後に回りこませると「ブレイク・ライト（急旋回、右）」と味方に叫んでミグを撃墜する、とても印象的な戦闘シーンがある。

「私は、『ブレイク』と言われて迷ったことがあります。味方がどちらから入って、敵機がどっちから撃ちに来ているかわからない。そんな時は『ライト・ブレイク（右急旋回）』と言うのが正しいと思いましたね」

映画『トップガン』での敵味方機の間合いは「ブルーインパルスの曲技飛行の間合い」と、戦闘機パイロットは表現する。

実際の空戦の間合いは、はるかに距離がある。だが敵機が点にしか見えなければ娯楽映画にはならない。

「迫力のある映像を撮ろうとすると近すぎて危険な距離です。写真の場合は機動していない撮影機から手持ちのカメラで撮影することは可能ですが、動画の場合は撮影機にGがかかるとカメラを支えられなくなり、撮ることが困難です。機体やヘルメットに取り付けた固定カメラで撮影するのが一般的です。この固定カメラに迫力のある映像が入るようにすることがまた難しく、約束動作の機動を繰り返し撮影していちばんいいものを使っていると思います」

ＡＧＲのメンバーで米海軍戦闘機兵器学校（トップガン）に行った者はいるのだろうか。

「誰も行ってないんじゃないかな」

神内さんの３回目のＡＧＲ勤務は教導隊長としてであった。

「ＡＧＲがＴ‐２の頃、教導隊員の平均年齢は39歳です。Ｔ‐２自体はＧ（加速度）がそれほどかからないので耐えられます。でも使用機種がＦ‐15に変わって、最大ＧやＧの継続時間が長く、40歳過ぎてからのF-15のGはきついですよ。戦闘機部隊の隊長の時はまだ元気でしたが、教導隊長をやった時は、43～45歳で、『一緒になって技量を高めような』と言って訓練をやっても、2年目から訓練中にGをゆるめることもありました。

最後の飛行教導隊司令の時は、週の半ばには風呂も入らず寝てしまうほど疲れる時もありました。48～50歳では視力も落ちるし、まぁ体力の限界というか……」

パイロットにかかるF-15のGは半端ではない。さらに肉体に及ぼす爺（老齢化）という二つのGで、パイロットは引き際を知る。

ここで神内教導隊長時代の秘話をお届けする。これは、教導隊の教導の根っこにあるともいうべきものだ。

教導隊内での訓練中に機体が接近しすぎた事例があったという。地上に戻ってから、神内さんがそのパイロットたちを強く指導したというのだ。

「ぶつかったら駄目だという指導はしていたけど、それがあまり徹底していなかったのではないかというのが頭に浮かびました。普通、部下を叱る時は、ほかに誰もいないところに呼んで叱ります。しかし、この件だけは教導隊すべてに影響する話なので、厳しく指導すべきだと思いました」

それから20年以上経過しているはずだが、神内さんの怒りのボルテージの高さはいまも十分に感じられる。

「本人たちだけではなく、その周りの操縦者を含めて反省させる。教導隊機がぶつかったら、4人のパイロットと2機の喪失に加え、これまで教導隊が積み上げてきたものがすべて吹き飛ぶ。教導隊の存在意義そのものが問われることになると思っていました。

だから、教導隊機どうしがぶつかる事故は絶対に避けなければならない。教導をやる時、安全の話を最優先でやらないといけない。教導隊ができないのに、部隊をどう指導するんだという話です。

そんな時に2機が接近したのです。どのように指導しようか半日ほど真剣に悩みました。夕方のミーティングで、まず操縦者以外は全員部屋から出し、パイロットだけを残しました。教導隊を存続させるためには、皆の前で強く指導する必要があると思ったのです。

安全管理の徹底を訓示したあとで、衝突しかけた2人の教導隊パイロットを前に呼び出しました。特に、接近したことよりも、次にそうしないための対策に真剣さが足りないことを強く指導したのです」

空戦を教導する教導隊機が衝突して落ちれば、教導隊の存続に関わる。筆者はこれこそが教導の根っこにある精神だと思い知らされた。

理想的な教導隊と飛行部隊の関係とは?

神内教導隊長はどのような教導隊を作り上げようと思っていたのであろうか。

「当時、ゴクウ(山田真史、次章に登場する神内司令の愛弟子の一人)が空幕にいて『AGRをどうしますか?』と聞いてきたので、教導隊の考えを伝え、関係各所と調整し、その通りにやってもらいました。

長く教導隊に所属して飛行部隊に帰ると飛行班長になる。だが、班長になると、部隊に空戦テクを教える機会が少ない。だから、若い時に教導隊で勤務し、部隊に返す。

部隊で訓練する際、両者が同じ考え方で訓練するとその時の操縦者の練度や運で優劣が決まり、戦技の善し悪しが初級者にわかりにくくなりがちです。そこで対抗部隊がどういうものかよく知るパイロットが普段の訓練で初級者のレベルに応じた対抗機動をすることで、戦技がわかりやすく、安全に練度向上が図れると考えていました。部隊操縦者が教導隊に来て、小規模訓練をする機会はありましたが、それでも限られた操縦者のみで数的には少ないと思っていました。

つまり、1年に1回だけ教導隊が部隊で教導する場は部隊でできない訓練を主とし、小規模訓練は常時部隊内で実施できるように人材を配置することとしました。一方、『教導隊の中核を担う操縦者は、長めに勤務し、多数機編隊長を取得、戦技を研究開発し、教導で部隊を指導する』そんな構想を持っていましたね」

神内隊長自らの体験から生まれた構想であろう。

「教導隊の諸先輩による歴史と試行錯誤の繰り返しに加え、教導隊操縦者が増えたことにより可能になったと思っています」

教導隊の使用機がT‐2からF‐15DJに変わった。教導の方法も変わったのだろうか。

「私が2回目に教導隊へ行く前にF‐15に機種更新され、ほぼ態勢は整っていました。F‐15になって雰囲気は変わっていましたね。迷彩塗装も1機ずつ識別しやすいように変わっていました。T‐2の頃は、純粋にアグレッサー役として、訓練内容の設定とか、空戦に関して少し意見を言うくらいだった。でも、F‐15になってからは、経験豊富なパイロットが教導隊にいることもあって、あれもこれも教えたんです。すると、ていねいに教え過ぎた結果、部隊が考えなくなった。そこで、教導隊長になってからどうするかを考え、質問形式にすることにしたのです。

『どういう状況であったか?』

『その中でどうしたらいいか?』

『教導隊の認識する状況はこうだ。その場合は、どうしたらいいと思うか?』

教導隊から部隊に質問して最後まで気づかない操縦者がいたら、『こんなことも、あんなこともあるよね、自分で考えてみたら?』と言って、部隊で答えが出せるようにしていきました。部隊で状況が認識でき、反省し、どうすればよかったか、今後、どう訓練するか、がわかっていれば、言うことはないですね」

T-2教導隊時代とは大違いだ。森垣さんたちがいた当時の教導は、「俺らはお前らの敵だ。俺らに落とされたら、死ぬんだから、飛行場に置いてある車、もらって帰るからな」と恐ろしい言葉を吐いたという。F-15の教導隊では「優しいオジサマ」になっていた。

「私は、教えるだけではなく、部隊が考えられるように変えただけです。教導隊は対抗機役をやらないといけないんだけど、F-15の先輩としてF-15のノウハウを部隊に教えたい。その折り合いをどうつけるかでしたね。

教導隊の本来のあるべき姿は、教導隊が敵役のみをやり、空中での状況を確認して終わり。各飛行隊のパイロットが自分で自分の問題点を見つけて、通常の練成訓練で修正していく流れがいちばんよいのです。

当時、部隊でそれをやるには資格取得訓練もあって、F-4ファントムの場合、4機編隊長の資格をとる時には30歳前後になります。4機編隊長になって、飛行隊の中核になった時、転勤の時期でもありますし、彼の能力を引き上げる訓練が飛行隊の中でできるかといったら、できないのです。そこで教導隊が役に立ちます」

筆者はこれまで4機編隊長が率いたF‐15が教導隊によって空中と地上のブリーフィングで簡単に撃墜される話をよく聞いたが、その理由がだんだんわかってきた。

「AGRの本来の目的は、若手のパイロットが戦場に行って簡単にやられないようにするためです。その目的で米空軍はAGRを作った。日本も同じです。若手のパイロットが死なないようにするのが教導隊の本来の役目です。でも、いろいろな制約があり、教導訓練も限られた範囲での訓練です。まだまだ過渡期だと思います。米軍並みになるのはまだ先だと思っています」

実際の空戦では、複数の敵味方機が入り乱れた乱戦となる。

「だから、教導隊の訓練は多数機でやります。部隊の編隊長の練成はもちろん、若手は状況がわからないうちにやられてしまう。状況がわかれば、被撃墜は減ると思います。若手はその解析ができないので、そこから教訓を引き出すこともできない。何に注意しながら戦闘しなければならないか練成訓練にそれを反映できるようにすることで初級者の能力は飛躍的に向上すると思います。さらに飛んでいない部隊操縦者もこれを聞いて知識を広めることができれば効果的です」

以前、空自の現役イーグルドライバーを前に、大空のサムライ・坂井三郎氏は「敵機を撃つ前、必ず後方の安全を確認してから撃て」と薫陶《くんとう》する場面に立ち会ったことがある。

「多数機の空戦で注意するのは後方だけではありません。ミサイル戦では全周です。目標がいて、その目標から攻撃されるかもしれない状況で、別の敵から攻撃されるかもしれない。正面の敵にだけ注意していたら、横からビュッと来てやられちゃいますよってね。かといって、すべての状況を把握しようとすると混乱する。任務を達成するため、情報を整理し、攻防の最優先を判断し、継続的に把握することが第一です」

外部点検を終え、搭乗待ちの間、整備員と談笑（写真提供：神内氏）

気が引き締まるヘルメット、マスクの装着（写真提供：神内氏）

後ろだけではない。横もあるのだ。

「横から攻撃されるかもしれない状況を教導隊が作って教えるということです」

単機での空戦が上手くなると、今度は編隊、飛行隊単位での動きを学んでいく。

「そうです。しかし、単機はそう難しくはない。編隊での戦闘が難しいし、状況がいろいろあるので、訓練する必要があるのです。

1対1の空戦から、飛行部隊の編隊戦闘まで教導隊は教えることはできる。でもすべての訓練を教導隊が引き受けることには無理があります。部隊でできることは部隊で実施し、部隊の能力を超える部分を教導隊が受け持つ。部隊の状況を見て、要望を聞きながらレベルや規模を勘案し、教導していました」

飛行教導隊司令の役割

2003年、神内さんは第12代飛行教導隊司令となり、4回目のAGR勤務を開始する。まず隊司令の職務について尋ねた。

「教導隊の役割を最大限発揮できるよう態勢を整えること。つまり、有事に戦力となるのか教導を継続するのか、いずれにしても能力を発揮できるようにしておくこと。各司令官、関係者に教導隊の考え方を説明し、指導を得ておくことですね」

その気概が伝わってくる。しかし、それは有事の話。教導の空ではどう変わったのだろう。

「空戦において司令官から命じられた任務を達成するには、ウイングマンの状況や敵の状況を見て編隊長がその場で判断する。教導隊は、そのための手助けになるような指導じゃなければならない。また、その練成訓練の考え方とも合致していなければならない。そのため各レベルの指揮官と話をして教導隊のやり方が適切かを伺っておく必要があると思います。

教導隊長以下は、教導の内容を充実させることに全力を尽くしています。各級指揮官と話すのが隊司令の役割と考えていました」

各指揮官の考え方と合致しているとはどんな状態なのだろうか。

「たとえば敵が戦闘機に守られた爆撃機の編隊で侵攻してきたとします。編隊ごとに戦闘機と爆撃機を落とす役割分担が課せられます。わが方の機種ごとに役割も違うでしょうし、高射部隊などの状況も違う。編隊長は状況を認識し、攻撃目標、リスク、味方の位置、役割、残弾、燃料などを勘案し、任務を達成しようとします。やみくもに攻撃してもダメ、回避ばかりしてもダメ、司令官がどのように使いたいかに応じ、役立つようにリスクを勘案し最適な攻撃と防御行動をとり得るよう強化しておくことです。それが、教導隊が考える『強さ』だと思っています。また、そのための練成訓練の質や量などが変わるため、教導時の指導においても各級指揮官の考え方に合致させることが大事だと考えていました。また、方面隊をまたいで運用する場合があります。そこで、各方面隊で戦闘機部隊の使い方が違う場合があっても、教導隊が貢献できる部分だと思っています」

F－16を全機撃墜

AGR4回勤務の神内司令にとって、ベストの撃墜法は何か尋ねた。

「誰に聞いても、そんなのはたぶんないですよ。映画の観すぎです。教導隊は特別な撃墜法をするのではなく、基本的な戦技を状況に適合させて確実にやるから強いのです」

筆者は、酒井さんが「空で負けたことはねぇー」と言っていたことを伝えた。

「その先を聞いてみて下さいよ。絶対に勝つ方法があったら、部隊に教導するように言いますから。酒井さんが負けたことがないのは事実でしょうけど、それは特別な撃墜法ではなく、戦技を駆使した必然の結果だと思います」

酒井さんが圧勝したフィリピン・クラーク基地所属の米空軍アグレッサー部隊との対抗訓練の話を神内司令に伝えた。

「その時、私は宴会係でした。彼らが何を食べるかわからないので、宴会芸用にこんにゃく、納豆、梅干し、それからスズメの焼き鳥を用意しました」

アメリカ人が絶対に食べないメニューだ。

「ちょっと意地悪だったですかね。断ると思ったのですが、彼らの代表は平気で食べました。米AGRも敵を研究しているためなのか、少々のことでは動じないですね」

空中での米軍全機撃破はないのだろうか。

「詳しくは話せませんが、日米演習で、千歳から6機で上がって米空軍のAMRAAMミサイルを搭載した4機のF‐16とやりました。そこでF‐16を全機撃墜しました」

空自F‐15の持つミサイルでは射程が届かないはず、どうやったのだろうか。

「4機を囮にして、F‐16がそれを追いかけた」

空自教導隊の残りの2機は……。

「その2機が米空軍F‐16を順番に落として終わりです。劣勢機でも数があれば、何とかするのがT‐2教導隊時代の教えです」

意見の違いを受け入れる

もし考えもしない方法で教導隊が現地の部隊にやられたら、どんな気持ちになるのだろうか。

「我々が思いつかない方法を考え出す余裕は部隊にあるとは思いませんね。もしそんなアイデアが

「教導隊に４回在籍できたのはパイロット冥利に尽きます。光栄です」と語る神内裕明氏。

出てくれれば、『よく考えたね。俺らもそこまで気づかなかった。次はもうちょっとそれについて考えてくるわ』っていう話です」

どこまでもAGRの立場を崩さない不動の神内司令であった。

「忘れてならないのは、教導隊に航空学生出身者ばかりだけでなく、バランスよく防大、一般大出身者を入れ、いろいろな考え方を採り入れ、絶えず進化できるようにすることです」

考え方の違う者を教導隊に入れる。

「そう。意見の違いを論破できなければ、教導隊の意味がない。『そういう考え方もあるよね。だから、こういう時はこうだよね』と、いろんな人がいろんなことを言うことで教導の選択肢を増やしていく。『お前できないくせに』とは言わない。できるできない、やるやらないは次の段階として検討すればよいのです」

どんな組織もいろいろな考え方があって、それらを一つにしていくことで成長できる。空の教導スタイルに納得がいった。そういえば、神内さんが最初に経験した海の教導は、その後どうなったのだろうか。

「船釣りはしてないですね。ゴルフにしました」

陸の教導に変わったのだ。

「強制はしません。休みくらい好きなことしたいですよね。ゴルフをする場合は『台風と雷と有事以外はやる』と宣言していました。雨降っても関係ない」

雨天決行ゴルフ。ここにも教導の怖さは受け継がれている。

次はF‐35Aステルス機か？

AGRの使用機材に導入されたF‐15DJも30年を超えた。次の機体について尋ねた。

「F‐35Aステルス戦闘機は、防空よりも攻撃する際のステルス性能に価値がある。AGRは対抗機役だから、敵が使いそうな機体が求められる。だからF‐35Aは適していますね」

確かに敵は攻撃する際にステルス機を必ず使ってくるだろう。

筆者としては、140機を超えるF‐35A、F‐35Bが空自に導入された時に、F‐35Aを擁するAGRがステルス空戦を教導する姿を見てみたい。

1980年代、T‐2教導隊は、導入されたばかりのF‐15に次々と落された。そこで、最初に米国でF‐15の操縦を学び、日本各地でF‐15飛行隊を育てていた森垣さんがAGRに招集された。そして、T‐2で、F‐15を倒す空戦テクを編み出し、イーグルドライバーから「鷲神様」と怖れられた。

現在、三沢基地には、F‐4からF‐35Aに機種変換した第301と第302飛行隊がいる。教導隊がF‐35Aを相手に訓練する時、「全機撃墜」の強いモチベーションを持って赴くのだろうか。

「今の状況はわかりませんね。教導となれば、部隊のことを主に考えていると思います。ただし、私は、教導隊ではなく、F‐4部隊の時、F‐15と訓練したことがあります。その時は同等の立場ですので『やっつけてやる』と燃えましたからね。F‐15はF‐35Aに比べて古いタイプですから、部隊どうしの時は、その思いは強いかもしれませんね。ふふふ」

神内司令の不敵な笑い声が響いた。その眼差しは、ステルス戦闘機を落としてやろうというファイターのそれだった。

神内さんの愛弟子である山田真史氏と初めて会った時の印象を聞いてみた。

「彼が教導隊長の時の印象が強くて、班員だった第一印象は覚えてないな。操縦のうまい部下は世話を焼く必要がないから、ゴクウの記憶がないのは技量がよかったんだと思うよ」

山田氏が教導隊長の時はどうだったのだろう。

「全面的に信頼していましたよ。人望があるのはわかっていたし、技量もある。隊司令に推薦しようと思っていたら、急上昇しちゃいました」

筆者は次のエースに会いに行く。本書を書くきっかけになった「ゴクウ」こと、山田真史氏である。

第4章　大事なことはすべてAGRで学んだ――山田真史

第一印象は「ものすごく怖い」

山田真史元空将。タックネームは「ゴクウ」。飛行教導隊第13代教導長であり、第306飛行隊長である。

最初に山田さんにお目にかかったのは週刊プレイボーイでの取材だった。コロナ禍の中、取材はリモートで行なわれ、パソコンの画面越しだったが、その第一印象は、「ものすごく怖い」の一言だった。

山田元空将を紹介してくれたのは、防大で二期上の杉山政樹元空将補だった。杉山さんは第302飛行隊長、松島基地司令などを歴任されたファントムライダーで、「翼シリーズ」にもしばしば登場されている。

コロナも小康状態になった頃、三人で集まる機会を設けた。杉山さんが那覇基地の第302飛行隊隊長、山田さんは那覇基地司令だったこともあり沖縄料理屋で直接話をすることができた。終始、山田さんは柔和な笑顔を浮かべていて第一印象とのギャップに戸惑ってしまった。

当時、山田さんは全日空の顧問を務められ、勤務地の羽田空港で本書のインタビューを行なった。その表情は沖縄料理屋で見たのと同じ人懐っこい笑顔のままだった。

山田さんのインタビューは神内司令の話題から始まった。

「初めて神内さんに会った時、本当に怖い人だと思いました。とにかく見た目もおっかなくて、任侠映画の高倉健みたいな雰囲気でした。痩せて見えますが筋肉質。いつも煙草をふかしていました。訓練中に衝突しそうになった後輩が、『お前、どこ、見てんだ！』と着陸してから地上でガツンとやられた話を聞いたこともあります」

防大空手部仕込みの厳しい指導……。

「でも、とても面倒見のよい人でした。教導隊には単身赴任だったので、『お前、飯食っているか？』と言われて、家に呼んでくれて奥さんの手料理を食べさせてもらいました」

筆者も神内さんの取材時、自宅に招かれて奥様の料理をご馳走になった。

「神内さんが飛行班長の時、自分は新人パイロットで、行き詰っていると『何がわからないんだ？』とよく聞いてくれました。教導隊に来た新人をそう指導してくれるのは珍しいことです」

ヘリパイ希望からファイターへ

パイロットを志望するようになった動機について尋ねた。

「最初からパイロットになりたかったんですよ。生まれは長崎県佐世保、海軍の町です。父が佐世保重工業で船を作っていたので海にはなじみがあったんです。子供の頃、佐世保に米海軍の空母エンタープライズが入港して、甲板に飛行機が乗っていた。『あれは何?』と父に聞いたら、『戦闘機だ』と教えてくれました。その時から船もいいけど、飛行機も面白そうだなと漠然と思い始めました。

高校に入学して技術系というか手に職をつけようと思っていました。あまり勉強が得意じゃなかったんで。その一方でパイロットになりたいという思いは持ち続けていました。

もう一つ続いていたのがハンドボールです。海自はハンドボールが盛んで、高校時代よく練習に通っていました。そんな縁で『海自でパイロットになれるぞ』と誘われて航空学生を受けました。空自は実際に飛行機に乗せて適性を見るんですが、海自はそこまでしないんです。

その時の面接官が、『君は防大のほうがいいんじゃないかな』と言うので受けたら防大も受かりました」

航空学生と防大に合格した山田さんは防大に進むことになる。

「そもそも海自のヘリコプターに乗りたかったんですよ。ヘリ搭載護衛艦ＤＤＨ『はるな』『ひえい』に乗れば、航海手当に航空手当が付いて給料がいいと聞いてたんです。それで防大に入ると、４学年の部屋長が航空の人で『空自のファイターになりたい』と毎日言うのを聞いているうちに航空も面白そうだなって。防大は２学年に上がる時に要員選考があって、陸海空が決まるんです。佐世保の知り合いがみな海の人で、『当然、お前は海に来るんだろ』と言われていました。２学年になる１週間前までは海上要員に選ばれていたんですが、その３日前に突然、まったく知らない航空の人が来て、『お前は航空になったから』と言われました。空で何をするんですかと聞いたら、『パイロット要員』と告げられました。でも、ずっとヘリ希望だったんですよ。４学年の時に実機に乗って、飛行適性検査をパスして、幹部候補学校に行って、操縦要員の飛行訓練に入るんですが、当時は全員、ファイター（戦闘機パイロット）課程に行かないといけなかった。それを知ったのは、ウイングマークという資格をとる直前でした。『お前、何に乗りたい？』と聞かれてヘリに行きたいと答えたら、『お前はヘリに行けないんだ。みなファイターなんだよ』と言われて……」

筆者はその話を聞いて正直驚いた。これまで取材してきた戦闘機パイロットの多くは最初からファイターを熱望している。教導隊にまで行った戦闘機乗りが、まさか最初はヘリパイ志望だったとは……。

「それで、松島基地に行ってＴ‐２に乗って合格したら部隊に上がって、クビになったらヘリに行け

飛行教導隊第13代教導隊長山田真史氏。ヘリパイロットを希望し入隊したが、上官は山田氏の類まれなファイターの能力を見抜いていた。

ばいいと漫然と思っていました。でもT-2で訓練を開始したら、戦闘機はそこそこ面白いわけですよ」

山田さんは遅咲きの戦闘機乗りだ。しかし、ヘリではないので、どこかやる気のなさが続いたという。

「T-2も無事卒業できるとなって、初めて『何に乗りたい?』となりました。当時はF-15、F-4、F-1の三機種です。みんなは当時、最新鋭のF-15と書いていました。

自分は（そのうちヘリに行くわ）と思っていたので消極的な選択をしました。T-2では教官が後席に乗ってガンガン言われた経験をしていたので、2人乗りのF‐4は最初から除外。F‐15はみなが希望している。だったら、一人で乗れるF‐1にしました。動機は不純でしたが、2〜3年乗って、ヘリに行きたいと言えば行かせてくれるだろうと。

ところが、T‐2の卒業試験の前日に教官から、『お前、F‐1て書いていたよな、本当に行きたいのか？』と聞かれました。みんながF‐15に行きたいと言っているので、自分はF‐1に行ってちょっと頑張りますと答えました。すると教官が『ふざけんなよ』と言って気合いを入れられました。教官は自分の書いた要望書を取り出すと、『お前な、この1の隣に5と書け』と言われました。自分は『1に行きたいでありますと言うと、『中央からお前をF‐15に行かせろという通達が来たんだよ。で、F‐15な。指定が来たんだから』。『F‐1』と書いてある脇に教官が『5』を足して、F‐15に行くことになったんです。のちに教育関係の仕事をしてわかったんですが、F‐15には成績上位者しか行けなかったんです」

当時、優秀な学生はすべてF‐15に投入されていたのだ。こうして山田さんのイーグルドライバーの人生が始まった。

最初の赴任先は小松基地に所属する第303飛行隊。F‐4からF‐15への機種転換の真っ最中だった。

戦闘機の面白さに目覚める

新人パイロットが初任地に行くと、まずタックネームが与えられる。

「私は酒を飲むと赤くなるんで、松島基地では『モンキー』とつけてもらいました。第303飛行隊ではすでに『モンキー』が使われていたんです。当時、第303飛行隊のコールサインは『ドラゴン』、F‐15は『ボールチャンネル』というのがあって、第303飛行隊のみんなを呼ぶ時は『ドラゴンボール』と呼ぶわけです。当時、『ドラゴンボール』という漫画が流行り出した頃で、飛行隊の先輩が『松島で猿だったんだから、孫悟空でいいじゃん』となって、『ゴクウ』になりました」

最初に山田さんのタックネームを聞いた時、筋斗雲《きんとうん》に乗った孫悟空が空を支配しているイメージが浮かんだが、実際は松島のモンキーがドラゴン飛行隊に来たのでゴクウになったのだ。

「F‐4からF‐15に機種更新するための部隊建設をやらせてもらえてものすごく面白かったですね。戦闘機にハマったのはそれからです。F‐4に乗っていた中には戦闘機に乗っていたいのに乗れなくなったファントムライダーを何人も見ました。自分は運よくF‐15に乗れて頑張らないといかんなと思いました。そうしたら、戦闘機は面白いわけですよ。自分の意のままに動くし、いろんなことができる。ヘリのことは考えなくなりましたね」

孫悟空がF‐15という筋斗雲を手にした瞬間だ。

「それから、2機編隊リーダー、4機編隊リーダーと資格をとっていきました。しかし、第303飛行隊は部隊建設の途中でタックエバーという能力点検を受けます。つまりF‐4から、F‐15に機種変換して、きちんと任務に就けるか、その能力評価を受けるんです。

いちばん若いのにそのメンバーに選ばれたんです。自分の後席に乗ったのが、能力評価をする点検官の山忠（山中忠夫）さんでした。レーダーミサイルとヒートミサイル（赤外線ミサイル）の切り替えがうまくできて、着陸後、山忠さんに『ビデオを見せろ』と言われて見せると『初めて見た』と言って『優秀』をもらいました」

「AGRに行こうなんて絶対に思わない」

1988年6月29日、上空に靄がかかる天候の中、2対2の訓練で上がった2機のF‐15が水平旋回中に互いの腹部が衝突して墜落した。

「この事故で一緒に飛んでいた仲間が亡くなりました。一人の片足が見つかっただけで遺体は収容できませんでした。この事故を受けて怖さを感じると同時に事故で死んだらいけないと考えるようになりました」

飛行隊が事故を起こすと事故後、航空総隊のチェックを受ける。

「そのチェックの時に私の後席に乗ったのが冨永恭弘さん（第3代教導隊長）です。これがまたガラが悪いんですよ。3〜4回、乗せて飛びましたが、いちいち注文をつけてくるんです。『お前は手があるよな、何でスロットルレバーを持たないいんだ？』という感じです」

冨永さんこそ、のちにAGRで酒井さんがしごかれる鬼の隊長だ。すでに部隊で鬼の教導を受けていたことになる。

「次の年の教導で、下っ端だからメンバーに選ばれるわけがないと思っていたら、『ちょっと来い』と言われてブリーフィングに呼ばれました。AGRのメンバーはとんでもない猛者ばかりで私は小さくなっていました。すると『次のミッションでお前、教導隊の後席に乗れ』と言われたんです」

下っ端がいきなり教導隊のT‐2の後席に乗って教導を体験する……。

「ミッション中にT‐2のエンジンが止まっちゃって、『エンジン、止まってないですか？』と聞くと、『止まっちゃったなー』と言ってリスタートさせました。怖えーと思いながら帰って来ましたが、こんな飛行隊に行こうなんて絶対に思わないじゃないですか」

筆者もそう思う。AGRがF‐15DJに機種変更する直前の話だ。

「下りてきて教導隊はすごいと思いましたよ、第303飛行隊の大先輩たちがどんどんとやられちゃったんです」

山田さんの教導初体験は教導隊機の後席に乗るという異例のかたちで終わった。

「その週末、第303飛行隊は教導隊と一緒にバーベキューして飲みました。その中にいた教導隊の三人は、のちに事故で殉職されています。その三人の方からもいろいろな話、人生観のようなものを聞きました。『死なないためにやっているんだ』と言う人、『どうせ俺ら死ぬんだよな』と刹那的な方もいました。でも、みなスキルが高い人ばかりで、当時、いちばんぺーぺーの私にとって教導隊は雲の上の存在でした」

ウェポンスクールで教導隊と訓練

1991年、山田さんは第303飛行隊長から呼び出され、入校のチャンスが二つあると言われた。安全管理課程飛行（安全と事故調査の研究）と戦技課程（対戦闘機戦闘に特化した訓練を行なうウェポンスクール）の二つである。当然、面白いのは後者であろう。

「はい。それで戦技課程を希望しました。隊長にも行けと言われたわけですが、ファイターウェポンスクールを希望していた先輩が行けなくなり、恨まれました。戦技課程の期間は4か月で、そこで教導隊とがっちりやり合ったんです」

当時の戦技課程は、新田原基地の第202飛行隊が担当し、同じ基地に飛行教導隊も所在していた。

「10日間くらい格闘戦、ミサイル戦をやりましたね。こちらが4人で、AGRが4～6機ほど出てきたりしました」

筆者が第306飛行隊のウェポンスクールを取材した時は、教導隊と空戦訓練やっているかどうかは明言されなかったが、20世紀末はやっていたのだ。

「レベル高いから、面白かったですよ。こっちも、がむしゃらにやりましたね。地上に下りると、教導隊のパイロットから、『お前はしつこい！』と怒られました。ドッグファイトの訓練を通じてファイターの世界を垣間見ることができました」

こうして山田さんは孫悟空になった。第303飛行隊に戻れば、ファイターウェポンスクールで学んだ戦技を広める役割となる。通常、この戦技課程に行けるのは4機リーダーの資格をとってからだが、山田さんはまだその資格をとっていなかった。

ウェポンスクールを卒業する1週間前、第303飛行隊長から電話が入った。

「『夏に第303飛行隊から転勤』と突然言われたんです。異動先は防大です。当時、卒業生の90人以上が任官拒否したんです。それで、防大が危機感を持ち、『イキのいい指導官を防大に寄越せ』ということになって、私が選ばれたんでしょう。序列的には私が選ばれるはずはないんです」

まさかの転勤である。

「戦技課程を卒業する際に教導隊の人と飲みました。こちらは4人で、部隊に戻るのが2人、私は防大、一つ年上の先輩が教導隊に行きました。

教導隊の隊員から『お前、防大に行って何するの？』と聞かれて、『学生を2年間、鍛えます』と答えたら、『なーんだ、もう、お前は教導隊に来れないな』と言われました」

山田さんも教導隊に行きたかったのだろうか。

「空戦を極めるわけですから、面白いなと思っていました」

「こいつなら仲間になれる」

「防大の指導官になって1年目に調整（人事異動）が入ったんです。『教導隊に来ないか？』と。でも防大の親分（航空の学生課長）が『まだ、1年しかいないのに駄目だ』と蹴ってしまったんです。もう教導隊はないと思いましたね」

防大での2年の勤務が終わった頃、再び調整が入った。

「F‐15の部隊に帰りたいと言いました。百里基地で山忠さんが第305飛行隊を立ち上げていたので、そこに行かせてくれと言いました」

第305飛行隊は、誰もが恐れる酒飲み部隊で、百里基地周辺の飲み屋はすべて出入り禁止。遠く水戸まで飲みに行っていたという伝説の部隊だ。

「そうそう、酒飲み桜組ね。最終調整で第305飛行隊だったんですが、また防大の親分から『お前、変わったから、新田原な』と言われました。『学生教育ですね、頑張ります』と返答しました。すると、『違う違う』と親分。もしかしたら救難に行けるかもしれないと思いました。新田原には救難隊があります。教導隊はもうないと思っていましたから、ヘリパイになる夢がよみがえりました。そうしたら、『教導隊がお前に来いと言っているんだよ』と言われ、教導隊に行くことになりました」

山田さんに教導隊への扉がいきなり開かれた。

「飛行隊以外から教導隊に入ったのは初めてのケースだったんですよ」

教導隊はいつ山田さんに目を付けたのであろうか。

「ファイターウェポンスクールの時だと思います。教導隊に行ってわかったんですけど、教導隊の全員が『あいつがいいんじゃないか』と賛成してくれないと呼ばれないんです。腕がいいというだけでなくて、『こいつなら仲間になれるんじゃないか』という基準なんです。

1992年から三輪（泰彦）さん、1994年半ばからは大久保（淳）さんが飛行教導隊司令になられました。教導隊に呼ばれた理由を聞いたら、『いちばん若いから』という単純な理由でした」

山田さんは単身、防大から新田原基地に向かった。通常、官舎に引っ越して1週間くらい準備期間が与えられるが、教導隊は違った。

「荷物を官舎に運び入れたら、5分後に、物すごく怖い顔をした人が玄関に立っていました。飛行班長の神内さんでした」

神内飛行班長は強面の表情を変えることなく山田さんに司令書を手渡すと、「月曜日からフライトな」と言うと去って行った。

「考えが甘かったですね。F‐15には2年間乗っていません。そのブランクはきつかったですね」

教導隊初日

その週末、山田さんは官舎で2年間のブランクを取り戻すため、エンジンスタートから始まる一連の手順、さらにはエマージェンシーの手順を思い出しながら復習したという。

筆者が、新田原基地の教育飛行隊を取材した時、学生の居室の前には、スイッチ類がすべて付いた練習用のF‐15のコックピットが置かれてあり、学生たちは数百あるスイッチ類の位置とその操作の手順を夜遅くまで操作しながら覚えていた。

「週明けから前席で飛ぶつもりで準備していましたが、『いきなり前席で飛ばせねぇよ、後ろに乗れ』と言われて、教導隊の訓練を初めて体験しました。そして、『明日からこれな』と言われて初日は終わりました」

翌日から本格的な訓練が始まった。

「1か月くらいやると壁にぶつかるんですよ。どうしてもできない。弱ったなと落ち込んでいたら、それまで乗ってくれていた教官が『ちょっと教官、代わろうか？』と言ってくれました。次の教官は細い人であんまりGをかけない人だったので、とても合いました。そこから、こうやってやるんだというのがわかりました」

飛ぶ感覚をつかむということなのだろうか。

「飛び方は計算ですべて説明できます。F-15の最大パフォーマンスで旋回半径が何フィートと出てくるんですよ。8Gをかければこのくらいで回れる。それを何回もやって、自分の感覚でつかんでいきます。

T-2時代の教導隊は最高のパフォーマンスを発揮しないとF-15に勝てなかった。同じことをF-15でやるわけですよ。旋回半径が小さくなるぶん判断する時間がものすごく短くなります」

相手より早く判断を下せれば空戦で先手をとれる。『鷲の翼』で、当時の教導隊を取材した時、「教導隊に来るパイロットはみな腕に覚えがある。だから新人パイロットが入って来ると、まずその高い鼻をへし折る」と聞いたことがある。

「自分は、へし折られる鼻を持っていませんでした。壁にぶつかるまでは意地があったかもしれませんが、その壁にぶつかるのも早かった。これはもう教わるしかないと思ったら、先輩たちが次から次へと教えてくれるんです。そこからは速かったですね。訓練が終わって、教官が『お前、楽だっただ

体験搭乗者を後席に乗せる山田氏（写真提供：山田氏）

ろう？』と聞かれたんです。『はっ？』て顔をしたら、『だって、お前は言われた通りにやってたじゃん』と。すごくうれしかったですね」

腕に覚えのあるパイロットは自分のやり方に固執しがちで、そのために教導隊では苦労するという。教導隊に呼ばれたものの実績を上げることができず部隊を去る腕利きのパイロットもいる。

「自分の場合、最初から教導隊に違和感を感じなかったというのがいちばん大きかったと思います。この人たち、本当にすげーと思っていたし、ファイターウェポンスクール時代に彼らとがっつりやった経験もあったと思います」

『鷲の翼』の取材で高木博（元イーグルドライバー。現在国際線パイロット。タックネームは

BOO）氏から聞いた教導隊の話はすべて恐ろしいことばかりだったが、もしかしたら教導隊の嫌な面だけを見てしまったのかもしれない。

「BOOは、フライトに関しては天才です。フライトコースで教官がデモンストレーションすると、その通りに彼はやれた。ピンク（警告書）を一枚ももらっていない。要領もいいし、頭もいい。腕もよかった」

航空学生38期からF‐15に行ったのは高木氏ともう一人いるという。

「西小路（友康）さん、サイコロと読めるのでタックネームは『ダイス』。のちに教導隊の主要幹部として呼びました」

それは山田さんが教導隊長時代のことで、西小路さんをはじめ貴重な人材が集結するのだが、それはもう少しあとの話だ。

若手メンバーだけで戦技を開発

教導隊の任務は、要撃機パイロットの技量の向上である。

「大久保（淳）さんが1994年に飛行教導隊司令で来た時、いろいろすごいことをやりました。それまでのミサイルはレーダーでロックオンして、命中するまで電波を照射して誘導しなければならなかった。それがスタンドオフ、撃ちっ放しに変わったんです。ミサイルは自分で目標に飛んで行く。すでに米軍は本格的にやっていましたが、空自にはその戦技がなかったんです」

筆者は不思議に思った。新兵器が導入されれば、その使用説明書が必ずあるはずだ。

「米軍は教えてくれないですよ。そこで大久保隊司令が『撃ちっ放しミサイルに使える戦技を研究しろ』となったんです。それで、若いメンバーだけで試行錯誤しました。面白かったですよ。いまもそれをもとに戦技が発展しているんです」

新たな疑問が浮かんだ。空自に導入されつつあるＦ‐35Ａステルス戦闘機の使い方も米軍は教えてくれないのだろうか。

「教えてくれないですよ。基本的なことは教えてくれますが、それをどう使うかは、それぞれの国によって違いますから」

Ｔ‐２アグレッサーの酒井一秀さんに「ソ連空軍機のように動くのですか?」と質問すると、「自分たちでちゃんとアレンジして飛びます。Ｆ‐15になっても自分たちで使い方を考えました。彼ら（米露中）はオールドファッションの戦い方はしない。でも教導隊は最新のウェポンを持ちながら、昔の戦闘機のような戦い方をやりたがります」と答えてくれた。ここから筆者の勝手な想像だが、最先端のステルス戦闘に零戦や紫電改の空戦術が加味されている可能性はあるのだろうか。

「大久保隊司令の時代、『教導隊は米軍とやらない。それは任務ではない』として、米軍とのでＤＡ

1997年3月17日、1回目のAGR勤務時のラストフライト。家族とともに花束を持っているのが山田氏（写真提供：山田氏）

CT（異種航空機戦闘訓練）はほとんどなかったです。でも一度だけ演習で米海軍とやらせてもらいました。相手は長距離誘導ミサイル・フェニックス搭載のF‐14が2機と、それを警護するF／A‐18が2機の計4機です」

前出の高木氏によれば、視界範囲内にいるF‐14は何回やっても空自F‐15が撃墜したという。それで米海軍から再戦の申し込みがあり、その時は一度もF‐14の機影を見ずに終わったという。F‐14は訓練空域の隅に滞空し、フェニックスミサイルを撃ち続けて、空自のF‐15を撃墜し続けたのである。

「詳しいことは話せませんが、結果は

教導隊が米海軍4機を落としました。翌年の日米会議に出席した大久保司令に米国側が聞いたそうです。『あの時、お前らが飛んでいたのか？』と。大久保司令が頷くと、『どうやったんだ？』と聞いてきたそうです。もちろん、大久保司令は『教えない』と一言。

大久保さんはすごく喜んでいましたね。『あいつら、フェニックスを持っていても1機も落とせない』とね。

教導隊は相手がこういうのを持っていたら、こうやってくるだろうから、それにどう対処するかをつねに考えるわけです。その結果を各飛行隊に教えます」

山田さんは爽やかな笑顔を浮かべながらそう語った。

『鷲の翼』で、西垣さん率いる第304飛行隊と教導隊とのすさまじい空戦訓練について紹介したが、もしかしたら、第304飛行隊だけ、対フェニックスミサイルの極意を伝授されていなかったかもしれない。

高木氏は、3回目のF-14との空戦訓練で、「華厳《けごん》の滝作戦」を実行した。それは、4機のF-15が高度1万4000メートルを密集隊形で飛び、フェニックスミサイルの射程に入ると同時に4機は90度右旋回し縦列飛行して標的となる。F-14の索敵電波を探知し、ミサイル発射警報の「ピーッ」という連続音に変わった瞬間、高度3000メートルまで急降下してミサイルをかわして全機撃墜。これが「華厳の滝作戦」だった。

しかし、山田さんの話では、教導隊はあっさりとF - 14を撃墜したという。その方法は秘中の秘である。

第306飛行隊長へ

AGRで3年半を過ごした山田さんが次に挑戦するのは、CSと呼ばれる指揮幕僚課程であった。これを卒業しないと、上級指揮官・幕僚にはなれない。受験回数は4回に制限されている。

「飛行教導隊司令の大久保さんから『勉強してるか？』と言われましたが、教導隊のミッションのほうが面白くて、受験勉強は片手間でやっていました。全国各地の基地に行って、教導の訓練が終わると、17時半から1時間みっちり大久保司令から直接指導を受けました。ありがたかったですね」

しかし、F - 15の腕はピカイチだった山田さんだが、CS受験は4回連続被撃墜だった。

「それで、当時の第10代教導隊長の金丸(直史)さんが気にかけてくれて空幕に行けと言われました。異動先は教導隊の先輩が班長をしている部署でした。そこで2年間、幕僚人事計画を担当し、教導隊パイロットの養成管理の基準などを作りました。

その時、神内さんが空幕広報室にいて、表情が柔和になっていたので驚きました。その基準作りに何度も相談に乗ってもらい、付き合いが深まりました」

あの超怖い神内飛行班長の顔がやさしくなっているとは、どういうことなのだろうか。

「AGRの神内班長の怖い顔と、教導隊の仲間として認められてファミリーになってしまうと、厳しさはありますけれど、表情はまったく違いました」

空幕勤務の時点で山田さんは神内さんから仲間と認められていたのだ。そして、2年の空幕勤務が終わる時、山田さんは神内さんから謎の言葉をかけられた。

「『飛行隊勝負をやらせてやるよ』と言われたんです。何?と思いました。話を聞くと、第306飛行隊長をやれるかどうかの勝負でした」

防大出身の空自幹部が目指す最大の目標は「飛行隊の隊長」であり、そこに到達できるのは限られた者たちだけである。

「大きな関門です。頭悪いと困るし、操縦も下手だと困る。空幕で2年勤務して中央で何をやっているかがわかり、仕事のやり方も覚えた。それで『隊長やらせてやろうか?』という申し出です。でも、すぐにはなれません。まず1年間その基地の司令の幕僚をやります。それからです」

2000年、いくつかの関門を乗り越え、山田さんは第306飛行隊の飛行隊長になる。

「教導隊出身者で、しかも防大出で飛行隊長をやるのはあまりいないです。当然、神内さんはやりましたけどね。

自分が飛行隊長になることで、第306飛行隊はざわつくんですよ。着任早々『ワンバイワン（1

対1）をやってくれませんか？』と若いパイロットたちに言われましたね」

第306飛行隊所属の戦闘機パイロットたちは、教導隊出身の山田隊長に勝負を挑んでくるのだ。それは戦闘機パイロットの性《さが》である。

「その2か月前から、技量回復訓練をしなければならないので、航学出身のいちばん古株の飛行班長を後席に乗せて訓練しました。私が『まぁちょっとはできたかなぁ』と言うと、後席の飛行班長が『よくやりますね。十分です』と言って音を上げたんです」

教導隊出身の面目躍如だ。

「その後、隊員の訓練をやるようになって地上に下りてから、『なぜこんなことやったの？　あれはこうしたほうがいいよ』と教えます。すると、彼らの高い鼻がポキっと折れます」

こうして山田隊長の教導が空で開始された。

「ミッションが終わった後に、1対1をやるんですが、やり方はさまざまです。両機がヘッドオンで交差してから、あるいは相手が後方に付いた有利な位置から始めます。燃料の使う量を決めておいて、決着がつかなければやめようねと言って始めます」

壮絶な1対1の空戦勝負が始まる。

「いわゆる巴戦《ともえせん》です。相手機をカウンター攻撃して、その後、1発も撃たせなければ勝負ありです」

公表できる範囲で空戦の極意をご教示ください。

「若い連中は、がむしゃらに水平旋回で引っ張ります。だから、こちらはピョーンと上に上がります。すると相手機は遅れる。そこで、スポンと巴戦から抜ける。絶対に撃たせないです。こちらがピョーンと上がると、相手機はどこに行ったのかわからなくなって、クルクル水平旋回しています。だから、そこを上からスポンと入る」

F‐15は水平旋回では最強と頭に叩き込まれている。そこを逆手にとって、上に飛び出す。空戦で上をとれば、あとはどうにでも料理できる。

「若いパイロットは水平系の1対1をやっています。われわれ教導隊はオールドファッションの空戦スタイルを知っています。要するにヨーヨーです。彼らは水平旋回で内側に回り込もうとする空戦しかやってないので、上に抜けられると、どうしていいかわからないんです」

若いパイロットは上方を警戒しないのだろうか。

「見ますよ。見るけど、上に行ったF‐15に対して、追っかけることはできない。自分がエネルギーを持っていれば、そのうち落ちて来るから待ってればいいと思っています。それを知っている我々は、待っているだけで何もしない相手機に仕掛けることができるんです」

まさに髑髏マークの教導隊だからできる神技だ。

「上をとったら、木の葉落しのような限界ギリギリの機動で相手機の後ろに占位します。若い相手に対して水平系の戦いに縦系を入れれば絶対に負けない。こっちは時計の針で、相手機は時計の芯にいるから逃しません。

でも、これ、西垣さんには絶対に通用しないです。西垣さんに水平旋回からヨーヨーを仕掛けたら喜んでシザースに入りますから」

西垣さんの強さは、その操縦姿勢にある。コックピット内で前傾姿勢をとり、心臓と脳を同じ高さにして、ブラックアウト、ホワイトアウトになるのを防いで操縦する。その低い前傾姿勢の真上を見るとヨーヨー機動の山田機が見える。すかさずローリング・シザースに入れ、かつて零戦や紫電改のやった垂直方向の空戦に持ち込む。

「当時の若いパイロットは、そのあたりの機動はできませんでしたね」

西垣さんは第304飛行隊に異動して1か月で全員を撃墜して黙らせた。山田さんの場合はどのくらいかかったのだろうか。

「3~4か月したら、『ああ、もう敵わないな』とみな思ってくれましたね。あの時が楽しくて面白かったですね」

山田さんの訓練のもと第306飛行隊は相当強くなったはずだ。

「飛行隊長の任期は2年です。それが終わると、再び空幕に戻るのが大体の流れです。そうしたら、2002年初めに第10代飛行教導隊司令の入澤（滋）さんから電話がかかって来て、『もう隊長は終わりだろ？　空幕なんかに行かなくていいから、俺の所に来い』と引っ張られてAGRに戻りました」

再びAGRへ

入澤隊司令の一声で、山田さんの第306飛行隊長から教導隊長への転身が決まった。ブルーインパルスの場合、次期飛行隊長は1年間、隊長付きとして飛行を学ぶシステムになっているが……。

「2002年3月末から本部班の幕僚となりました。いわゆる隊長付きです。ブルーとそのあたりは同じで、技を継承するためです。8月まで本部にいました」

山田さんは1993年から3年半AGRにいたが、以前のメンバーは残っていたのだろうか。

「揖斐（兼久）さんなど、4、5人いましたね。当時、一緒に飛んでいたメンバーは私がどういう人間か知っていますが、その後に来た若い人たちは知らないわけです」

第306飛行隊に隊長として赴任した時と状況は同じだ。若い戦闘機パイロットたちに、次に隊長になる山田さんが何者であるかを実力でわからせるしかない。すべては空中での腕っぷしで決まるのだ。しかし、相手はAGRに呼ばれた猛者ばかり。

「いや、楽しかったですよ。教導隊はどのようにして飛ぶかはすべて頭に入っていました」

どうひねり倒したのだろう？　水平旋回に縦の運動を入れて、ヨーヨーとシザースで撃墜したのだろうか？

「教導隊は速度や機動にしても、ある程度のリミットをかけます。一般の戦闘飛行隊に演練させるから当然です。一方、自分が演じる演練部隊役はノーリミット、制限なしです。飛行速度を100ノットにしてもいい。こちらは何でもできるわけですよ」

制限なしの非情の掟！　教導隊にしてみれば、反則技の連続で仕掛けて来る。まさに筋斗雲に乗った孫悟空だ。

「フライトが終わった後のブリーフィングで、教導隊側の教官が『演練部隊側は何かありますか？』と聞いてきます。私は『何もありません。全機、ちゃんと落としました』と言います。すると、教導隊の教官が『今日はゴクウの方がスホーイのようだったね』と言った瞬間、『この人はやることやって来たんだな』と認めてくれて仲間になれます。3か月かかりました」

AGRの隊長になるのは半端なく、そして、甘くない。空戦において、最強でなくてはならない。どう落としたのか、話せる範囲で説明していただいた。

「もちろん原理原則はしっかりと踏まえます。しかし、教導隊は、速度や機動の面でやってはいけない縛りがあります。それを知っているので、教導隊機の先が読めるわけです。教導隊がやっている原則的な機動に対して、こちらは普通しないやり方で戦います」

普通じゃないことって何だろう？

「教導隊機を落したんだから、言えないですよ。まあ、そんなギリギリのところで鎬《しのぎ》を削るわけです。

経験の差が出るんです」

場数《ばかず》の違いなのか……。

「オジサンでチームを組むわけです。『今日はちょっとこういうのをやろうか？』と決めて相手をはめる」

何をはめるのか？　空戦の極意に関わる機微な話だ。

「西垣さんが言っていた『ベリーサイドアタック』って、あるじゃないですか」

筆者の背筋に冷たいものが走る。怖い酒井さんが取材中、突然『誰が言ったか、知らねーけどさ』と言っていた、あれだ。

「こちらは、相手が見えてないところから間合いを詰めて行って、（こいつ、見てないな）と思ったら、次の機動に移る。すると、相手は演練部隊機を見失う。『どこに行った？』と思った瞬間にスポッと入る。まあそんな裏をかくことをやるわけです。つまり演練部隊は何をするかわからないから、最後まで目を離すなということを教導隊に教えているんです」

教導隊を教導する演練部隊こそ、最強の中の最強である。

「教導隊として、絶対に外してはいけないところをこちらが攻めていく。ちゃんとやっていれば教導隊機が演練部隊機を落とすことはできるんです。そうしたら、ＯＫというだけの話です。自分たちのスキルを上げるいい訓練だと思います。神内さんがよく言っていましたよ。『強くならなきゃ、教えられない』。それをやっているだけの話です」

その強さのレベルに達しない奴に教えてもわからない。いま山田さんはとんでもない世界の話をしていることだけはわかった。

「訓練の結果をはっきりさせて、『今回はここができなかったよね』と教えてあげたいですね」

空中で、相手をねじ伏せて、弱点を納得させる。次に補正できたら、新たな課題を与える。

「技術的なことに加えて、先輩として物の考え方を教えていかないと、酒井さんや神内さんのようなパイロットには育ちません。

教導隊の若いパイロットに技術だけではないプラスアルファを教える。それをするにはやはり経験が物を言う。私の場合、ペーペーから教導隊を経験していることが役に立ちましたね」

前述したように、山田さんは教導隊による巡回訓練中、指名されてT-2の後席に乗って教導を体験した。その時点から山田さんの教導隊行きが決まっていたのかもしれない。おそらく教導隊は山田さんのように伸び代のある若者を早い段階から目をつけて育てていたのだろう。AGRの組織としてのすごさをあらためて感じた

教導隊と飛行隊の真剣勝負

第13代山田教導隊長による教導飛行隊の任務が開始された。まず、その陣容を尋ねた。

「ＩＶＹ（揖斐）は、私が最初の教導隊勤務の時にいて、隊長で戻った時は飛行班長でした。年齢は三つ上、飛行経験も六つ上、部下だけど先輩なんです」

揖斐《いび》兼久《かねひさ》。航空学生33期。苗字の「イビ」からタックネームは「ＩＶＹ（アイビー）」。

「すごく助かりました。教導隊には航学出身者が多いですが、それをしっかり束ねていました。口は悪いけど紳士です。でも後輩からは怖がられていました。何でも知っていますからいないと困る。本当にしっかりした班長でした　教導隊の漬け物石みたいな存在でしたね。もう一人が西小路《にしこうじ》友康《ともやす》です」

前述したように、西小路はサイコロとも読めるのでタックネームは「ダイス」。その名前は森垣さんから何度も聞いていた。腕は超一流のイーグルドライバーだ。

「森垣さんの第２０２飛行隊にいました。Ｆ‐15を動かしたらピカイチで、教え方も上手で、教導隊でずっと教官をやっていました。戦技を開発することにもすごく長けていました。教導隊にソ連製のＳｕ27を入れるか入れないかの時、実際に乗りに行っています」

まさに戦闘機乗りの万能選手だ。

教導隊長のモットーのようなものはあるのだろうか。飛行隊作戦室に飾ってある格言を尋ねた。

「第306飛行隊の時も、教導隊の時も同じで『進取《しんしゅ》』です。よいと思ったら、積極的に自分で進んで取る。言われなくてもどんどんとやれという意味で使っていました。いいか悪いかは最後に上が判断するということです」

教導訓練の中で印象に残るケースについて聞いた。

「ある部隊に教導に行って、部隊の4機をあっと言う間に教導隊が落してしまったんです。それで（これ、どう教えようかな……）と悩みながら帰途に就きました。その時でしたね。通常、教導を受ける飛行隊のほうが燃料を使っているから先に帰ります。その帰り方が、淡々と普通通りに帰って行くんですよ。地上の要撃管制官も淡々と帰投を指示している。それが、ちょっと引っかかったんです」

あっと言う間に落とされたにもかかわらず、平然と基地に帰ろうとするパイロットの神経……。

「こいつら空戦での生き死にっていうことをわかってるのかなと思いました」

教導隊のパイロットはポーカーフェイスだ。しかし、空戦の勝ち負けとか空での生き死に関する話になると表情が激変する。

「地上に降りて、こちらも1時間かけてデブリーフィングの準備をして部隊の所に行きました。すると、瞬時に落とされた4機のマスリーダーが淡々と解析しているんです。要は優等生なんです」

マスリーダーは、多数機の編隊を指揮できる飛行隊で最高位の資格であり、誰もがその取得を目指す。マスリーダーの解析は正しく、反省点に関しても指摘するようなところはない。

そのマスリーダーに率いられ、簡単に落とされた飛行隊のほかのメンバーにも安堵の表情が広がる。しかし、相手はその飛行隊全機を落とした山田ゴクウ隊長だ。相手が考えもしないところから突いて来る。

「『ところで要撃管制官、今日の基地の帰投の時に何か感じた？』と私は聞きました。すると、管制官は『4機ともちゃんと安全に誘導して下ろしました』と答えた。あー、こいつ、全然わかってねーなーと思いましたね」

山田隊長は、F - 15の操縦桿の安全装置を外して言葉のレーダーミサイルを管制官に向けて放った。

「あのさ、今日の4機全機落とされて死んでいるんだよね。君がコントロールした戦闘機のパイロットは一人も生きていないんだよね。それ感じた？」

管制官は黙って下を向いた。まさかの地上攻撃である。

続いて山田隊長の鋭い眼差しがマスリーダー率いる4人のパイロットに向けられた。

「これ、真剣勝負なんだぜ。死んだら、いまやっているような地上での解析なんかできないんだよ！そのことを考えて今日ミッションしていたか？」

新田原基地航空祭で娘を抱く山田氏（写真提供：山田氏）

作戦室は沈黙に支配された。まさにそれは死の沈黙だった。

すると、部隊の飛行隊長が発言した。

「申し訳ありませんでした」

山田隊長は、次の言葉でブリーフィングを終えた。

「次のミッションでは真剣に取り組んでくれ」

午後のミッションを取り仕切るのは神内隊司令だった。防大空手部出身で、地上では厳しい指導、空中では鬼神のごとく教導するといわれる。

「それで、神内司令に『午前中のミッションがなってなかったので、気合いを入れておきましたから、しっかりできたら褒めてあげて下さい』とお願いしました」

山田さんは気配りの人である。

神内司令は無言でそれに頷いたが、逆に司令に火がついてしまった。結果は、再び4機全機撃墜。もしかしたら、午前中のそれより時間が短く、手際がよかったのかもしれない。

訓練後、地上に戻った神内司令は山田隊長に向けて、「ゴクウごめん。俺も同じこと言っちゃった」と嬉しそうに話した。

山田隊長は短く溜息をつくと言った。

「司令が言ったら、もう全員落ち込んでいるでしょう」

神内司令は「ふふふ」と、いつもの含み笑いをした。

一度落された相手にまた落とされる。最前線を守る戦闘機パイロットにとっては二度と立ち上がれないくらいのダメージが残るだろう。教導のレベルを超えて相手に引導《いんどう》を渡したようなものだ。だが、二度落とされたマスリーダーはめげなかった。

「部隊の飛行隊長と『俺たちは生き死にのかかった仕事をやってるからな』ということを話していると、そこにマスリーダーが来て、『すみません、今夜一緒に飲んで下さい』と言ってきたんです。嬉しかったですね。それで飲みに行ってパイロット談義ですよ」

空自のイーグルドライバーは、戦闘機パイロットとしての資質に問題はない。敢闘精神も確実にある。筆者の脳裏に一つの言葉が浮かんだ。

『不撓不屈《ふとうふくつ》』

零戦の撃墜王、坂井三郎先任の精神である。その精神は、いまも空自戦闘機パイロットに受け継がれている。

午前中怖い山田隊長に撃墜され、午後にはさらに怖い神内司令に撃墜されたにもかかわらず、一緒に飲みに行ってくださいと願い出る。まさに不撓不屈である。

叶わなかった願い

教導隊長は激務なので長く隊長をやることはできない。

「アグレッサーを去った日のことはよく覚えています。隊司令をやるつもりだったので、また帰って来るかなとは思っていました。隊長時代の後半では神内隊司令とぶつかることもありました。神内さんには『それはお前が隊司令になってからやれ』と言われていました。だから隊司令として戻る気満々でした」

そのためには1佐にならなければならない。しかし、山田さんはCS（指揮幕僚課程）には行ってない。そこで統合幕僚学校に入り修了後に1佐に昇任。次の異動先として「教導隊」を希望したが、その願いが叶うことはなかった。

2019年8月、山田さんは航空支援集団司令官で退官した。

飛行教導群司令になれなかった経緯を話す山田さんの表情はどこか寂しげだった。

給料がいいからと海自へリパイを希望したが、戦闘機パイロットの道を歩むことになり、F‐1パイロットを希望したにもかかわらず、指導教官が1の横に「5」を書き加えて、F‐15戦闘機パイロットへ。飛行教導群司令を希望してなれなかったのも「ゴクウ」さんらしい生き方だと思った。

山田さんにとってAGRとはなんだったのだろう。

「戦闘機パイロットとして、自衛官としていちばん鍛えてもらった根っこですね。技量はもちろん生き死も含めてです。人はこうやって戦場で死んでいくんだな、命はこういうことで落とすんだろうなと強く感じたのも教導隊時代です」

AGRと聞かれて最初に浮かぶのはどんなイメージだろう。

「飛行中のコックピットで、教導隊に落とされるんじゃないかという恐怖心ですね。そう思うとアドレナリンが出てきます。教導隊として飛んでいたほうが長いんですが、飛行隊で飛んでいた時に教導隊を落とさないと自分がやられるという思いのほうが強く残っています」

AGRとの空戦に勝たなければ髑髏になってしまう。その恐怖から逃れるために飛行隊の戦闘機パイロットは日々訓練に励む。その恐怖の源泉が教導隊なのだ。

次は、山田教導隊長を支えた揖斐さんと西小路さんの2人に話を聞くことにした。

第5章　AGRに捧げたパイロット人生——揖斐兼久

タックネームは「アイビー」

大柄な男が玄関前に立って取材陣を出迎えてくれた。Vシネマの帝王・竹内力を彷彿とさせる強面のイメージだ。今回の取材相手は、山田〝ゴクウ〟隊長の下で、飛行班長を務めた揖斐兼久《いびかねひさ》（64歳）氏である。

取材前、山田教導隊長は揖斐飛行班長について次のように語っていた。

「教導隊に戻った時、揖斐さんは飛行班長でした。年齢は三つ上、飛行経験も六年長い、部下だけど先輩なんです。いてくれて、すごく助かりました。教導隊には航学出身者が多いですが、それをしっかり束ねていました。本人は口が悪いけど、紳士です。でも後輩たちには厳しい指導で怖がられていましたね」

筆者の目の前にいる揖斐さんは厳しく怖そうな大男だった。

まず山田隊長との出会いについて尋ねた。

「最初の出会いは、ゴクウが第２０２飛行隊のウェポン課程に来ている時でした。その1年半後に、ゴクウが飛行教導隊に来たんですよ」

その時、教導隊相手の空戦訓練に参加した山田さんは教導隊パイロットから「しっこい」と言われたのだ。

「そう、〝寅《とら》さん〟（山田昌司1尉）に言われてたね。でもそれって褒め言葉ですよ」

そう言って揖斐さんは豪快に笑った。

揖斐兼久氏。教導隊に配属した時、部隊はT-2とF-15を使用しているタイミングだった。

中学卒業後、揖斐さんは戦闘機に乗りたくて航空自衛隊生徒になった。劇画『ファントム無頼』の原作者・史村翔先生の後輩にあたる。

「武論尊《ぶろんそん》（史村翔）さんは11期上です。私らが生徒にいる時はもう漫画の世界で活躍されていましたからね」

航空生徒から航空学生になり、念願通りに戦闘機パイロットになる。

「千歳の第302飛行隊に配属され、F-4を飛ばしていました」

タックネームを尋ねた。

「私らが入った頃は、まだタックネームを決めるという状況ではなかったですね。F-4でアメリカに留学した方々が、タックネームのことを言い始めていました。それで、戦技競技会に出る人はタックネームが必要ということになって付けました。私は『IVY（アイビー）』。苗字が揖斐なので『イビでいいよ』って言っていたんですけど、後輩から『呼び捨てするみたいで言いにくいですよ』と言われてね」

おそらく揖斐さん自身が「呼び捨てを許さない」オーラを出していたからに違いない。

「で、後輩が呼べないなら、『アイビーにするか』って言って決まりです」

AGRからの誘い

揖斐さんとAGRとの出会いについて尋ねた。

「1985年末に第302飛行隊が千歳から那覇に移ったんですが、第3代教導隊長だった髭の冨永恭弘さんが、那覇基地の防衛部長だったんです。その冨永さんと一緒に飛んでもらっていたんですが、『教導隊に行って勉強して来い』と言われたんです。その時は、大久保淳さんが教導隊長でした。T‐2の飛行機事故で、前任の正木正彦教導隊長が亡くなって、建て直さなければならない厳しい時代でした。人も集めなければならないし、教育もしなければならない。そんななか大久保隊長に一生懸命教えていただきました。当時はまだ教導隊を作った先輩たちがいて、いろいろと可愛がられましたね」

その成果は沖縄で試されることになる。T‐2教導隊が那覇に巡回教導に来た時、教導を受ける4機に揖斐さんが選ばれたのだ。

「T‐2教導隊の6機がFB（戦闘爆撃機）役の2機のF‐1を守って攻めてくるという設定で、これを我々4機のF‐4ファントムが迎撃しました。この時、ちょっと反則技を使ったんですが、教導隊機と戦わないで、FBだけやっつけることにしたんです。

左右から挟み込む戦法があって、6機のうちの2機がFBに付いて、残りの4機が先行する戦法です。そこで4機のF‐4がFBを守っている2機のT‐2をやっつけてしまえばいいんだと考えたんです。

ところが、その日は違っていた。『あれ、もう2機のT‐2教導機が来ている。計6機、おかしい！』となって一目散に逃げました」

T‐2教導隊機はアイビーの編隊4機を総がかりで血祭りにあげようと待ち構えていたのだ。

「それで、ずーっと遠回りして、護衛のいないFB2機をやっつけに行ったんです。教導隊からすれば『逃げやがったな』っていうところです。それで向こうはものすごい高速でやって来るんで、こちらも燃料なんかなくなってもいいから、アフターバーナーを焚いて全速力でFBの2機を追っかけました」

F‐4はマッハ2を出せるが、T‐2教導機はマッハ1・6が最大速度だ。

「で、ギリギリ間に合って、FB2機を落としてすぐに帰投しました。基地に帰ったら、教導隊から『俺らはお前らに戦い方を教えにきたのに、戦わなかったら、教えるモノが何もねーじゃねーか』と言われました」

誉め言葉なのか文句なのかわからないが、教導隊が負けたことは確かだ。

「そこで私は『この前、ウチらが勉強しに行った時、こんな時は戦わないで爆撃機だけ落とせばいい

F-4で教導隊を負かした男。そして今度は教導隊で教導する。写真は演習前のブリーフィング。前列右端が揖斐（IVY）氏。

んだぞと教えてくれたのはあなたがたですよ』と言ったんです」

なんとも痛快な話だ。

「そうしたら、別の教導隊のパイロットが『俺はお前らのことが見えてたぞ』と言うので、『でも、見えてても戦えなかったでしょ？』って。まあ、そこまであからさまには言いませんでしたけど（笑）」

絶対に揖斐さんはそう言ったに違いない。完璧な勝ち逃げだ。

「そう、勝ち逃げです。私が教導を受けたのはその一回だけなんです」

その後、教導隊から「勝ち逃げしたアイビー、こっちにきて、毎日勝負しねーかー？」と電話の一本もかかってきたのであろうか。

「いや、そういうことはなくて、大久保教導隊長から『そのうち呼ぶから、準備しておけよ』と言われました。でも、その時、Ｔ－２の墜落事故が起きて、Ｔ－２が飛べなくなったんです」

それで教導隊の使用機材はＦ－15ＤＪに変わった……。

「それで、Ｆ－４に乗っていた私にＦ－15への転換の話がきたんです。その時、私は第２０２飛行隊にいて、当時は森垣さんが飛行隊長だったんです。Ｆ－15への転換が終わったら、そのまま第２０２飛行隊に残っていたんです。森垣さんが『お前がここに残っているのはそういうことだからな』って言われました」

１９９２年、揖斐さんは教導隊に行くことになる。

「教導隊長は福山建志さんで、部隊の雰囲気は昔のＴ－２教導隊と、更新されたＦ－15の新しい雰囲気の両方が混在する時代でした」

「教導隊の漬け物石」

揖斐さんに山田〝ゴクウ〟隊長時代の教導隊について尋ねた。

「まず若い隊員であろうが、誰であろうと『育てよう』としてましたね。ほかの教導隊長も同じ気持ちですが、山田隊長は紳士ですから、温かく見守りながら、それぞれの指導者に任せてやらしてくれました。飛行班長として山田隊長にお仕えしましたが、やりやすかったですね」

揖斐飛行班長は「部下をよく束ねていた」と山田隊長が言っていたが、どのように束ねていたのだろう。

「正直になることですね。自分が失敗した時、『自分がこういうことで失敗した。だから皆は同じ失敗をするなよ』と正直に伝えました。そうでないと皆はついてきてくれません。自分のミスを認めて、それをちゃんと説明することが統率につながると思います」

強面で親分肌の揖斐さんが自分の失敗を正直に部下の前で謝ったら、それはついていくだろうと思う。山田さんは揖斐さんのことを「口が悪い」と言っていたが、そんな感じはしないが……。

「口調がきついんです。でも飛んでいる時は、ちょっと遊び心を出すんですよ。たとえば本来ならガン・トラッキング（20ミリ機関砲で狙いながら追跡飛行する）なんてやらないんですが、わざと距離を近づけて「ピパー」（ヘッドアップディスプレイに表示される黒点で、ピパーと呼称。『いまトリガーを引けばそこに機関砲弾が命中する』と知らせる照準点表示）するんです。それも相手機のパイロットの頭に狙ったりしてね」

大変、趣味の悪い遊び心である。それにしてもピパーを頭に当てたままの映像を撮り続けること自体、かなりの操縦の腕前に違いない。

「その光景はガンカメラのビデオにいっぱい入っています。私は自分の撮ったビデオは観ません。すべて覚えているから解析できます。地上に降りてデブリーフィングしている時に、頭にピパーを乗せられている本人は一生懸命に空戦を解析しているんだけど、でも後席に乗せた人間が『班長のビデオ、

どうしたら強いファイターになれるか、揖斐氏はある数式で説明し始めた。理論派ファイターである。

観ていいですか？』と聞くので、いいよと言うと、ほかの隊員たちは『またアイビーがこんなことをして遊んでる』『またいじめている』なんて言うんです」

山田さんは揖斐さんのことを「何でも知っている」と高く評価している。

「経験が長いので戦闘機に関してはなんでもわかります。その理屈の裏付けも勉強しないと教えられないので理論面もしっかりやります。こうやって、ああやってと言うだけではダメで、理論付けて教えないと若いパイロットは育ちません。

1＋1だったら2に増えます。1＋0でも1は残ります。でも1×0・1では逆に減ってしまいます。必ず1以上にならないといけないんです。だから、自分が1・5の力を持っていて、後輩が1以上の力を持っていれば、相乗効果で飛行隊はどんどん強くなっていきます」

揖斐さん流「戦闘力の足し算」。アイビー教導隊方程式1と名づけます。

「そりゃ、どうも(笑)。人間はね、教えてもらっても、その8割しか理解できないそうです。つまり8割理解できると先輩の言ったことをすべて理解したつもりになっちゃう。その後輩がまた後輩に教えると、0・8×0・8＝0・64で、6割しか理解してないことになる。

だから、自分が8割しか理解してないと自覚して、足りないぶんを勉強して10割にしないといけないんです。どういう方法で勉強したかを部下に教えて、こうやればあっという間に俺を乗り越えることができるよって。あとはお前のやりかたで理解するなり、新しいことを考えなよと言っていました」

教えてもらうと8割理解、残り2割は自分で勉強して10割にする。それを他者に教える……まさにアイビー教導隊方程式2だ。

「合格点が8とするなら、教導隊は8と9のレベルがいて、7はいない。でも10がいないから、皆で一生懸命考え、努力して、残りの1を学習する。最後の1を求めて努力する。でも10になっても、技術が発展して武器が変わるから、9や8に戻ってしまう。だから、また足し算していく。そういうことです。それが教導隊です」

常に求道者であれ、それが強さの証しとなる。山田隊長は揖斐さんのことを「教導隊の漬け物石」と評していたが、まさにその役割を果たしていた。

ＡＧＲに捧げた戦闘機パイロット人生

教導隊は、全国を巡回訓練中に才能のあるパイロットを見つけるとＡＧＲに呼び寄せるという。

「教導隊に初めて来たばかりのパイロットと、すでに教導隊で揉《も》まれたパイロットが空戦訓練をしたら、その実力は天と地ほどの差があります。通常の戦闘飛行隊のベテランと新人の差どころではありません。飛行教導隊の訓練に耐えられ、しかも能力のある人間しか引っ張ってきません。ここに入って訓練を受ければ、みなが何とかしてくれます。でも、来た時点での差はそれくらいあるんです」

教導隊パイロットがどれだけ空戦で強いのか想像ができない……。

「私は、教導隊に２回勤務して計12年いました。第３０２飛行隊に10年、第２０２飛行隊に１年半、ＡＧＲに12年ですから、教導隊がいちばん長かったですね。『ＡＧＲを終わった』イコール『パイロット人生が終わった』という感じでした」

ＡＧＲに捧げた戦闘機パイロット人生だ。

「ファイターパイロットが、いちばんやらなきゃいけない任務はアラートです。平時とはいえ、スクランブルで上がれば、そこは戦いの場です。そうした勤務は11年半しかやっていない。パイロットとしていちばん油の乗っていた時代は教導隊にいましたから、そういう意味では航空自衛隊のファイターパイロットとしては偉そうなことは言えないなと思っています。

スクランブルで上がり、実弾を装塡した戦闘機でアンノウン（国籍不明機）に対峙する。状況によっては実戦になるかもしれない、万が一落されて生き残ったとしてもいろいろ言われるでしょう。そんなギリギリのところで、戦争にならずに日本の威信をちゃんと示して帰って来る。スクランブル任務を遂行している空自ファイターパイロットに対して『お前ら本当にすごいことをやっている』といつも敬意を表しています」

空自戦闘機のパイロットたちは空の最前線で日々戦っている。スクランブルで上がったパイロットたちが何事もなく無事に基地に帰って来るからこそ、日本国民は平穏無事に暮らせているのだ。

「私は第302飛行隊で10年間、F‐4ファントムに2000時間乗りましたが、F‐15に機種転換してから、F‐4で得た技量の多くが必要なくなりました。武器はどんどん変わっていきます。日本の戦国時代の武者侍一人が守る範囲は1平方メートルです。いま我々1機の守備範囲は何十マイル離れたところまで広がっています。さらに武器が発達して、戦場がどうなっていくのか、私なんかの頭が追いつかなくなる前に現役を終えられたのはラッキーでしたね、これからのファイター・パイロットは大変です」

揖斐さんとともに山田隊長を支えたもう一人の男がいる。航空学生38期。同期の中で常に最高の腕利きパイロットと評された西小路友康氏である。取材の旅はさらに続く。

第6章　素晴らしきAGRでの日々——西小路友康

アイビーの推薦で戦技係長へ

西小路友康《にしこうじともやす》（59歳）さんは、高校生の時に週刊プレイボーイに掲載されたF‐15戦闘機のグラビアを見て「これに乗りたい」と思ったそうだ。そして、航空学生制度があるのを知り、受験して合格。航空学生38期である。

1963年生まれの西小路さんがF‐15のポスターを見たのが1980年だとすれば、当時、筆者は大学4年生だが、週プレ編集部でアルバイトをしていた。

先輩編集者の中には戦闘機や艦船ファンもいて、当時、ソ連海軍の空母ミンスクの空撮写真などで知られる柴田三雄氏が撮影した空自戦闘機の写真がグラビアを飾っていた。

筆者もその写真をわくわくしながら眺めていた一人である。

スラリとした背の高い男性が待ち合わせ場所に立っていた。西小路さんだ。揖斐さんとは正反対のキャラに見えた。

週プレのF-15グラビア写真を見て戦闘機に目覚めたという、西小路友康氏。その頂点の部隊で揖斐氏から戦技係長を受け継いだ。

「私とアイビーは面白い関係なんですよ。私が教導隊に入った時、すでにアイビーはいました。彼は教導隊の戦技をすべて束ねる戦技係長をやっていました。アイビーが教導隊を出て行く時、五期下の私に戦技係長を任せてくれたんです」

　どうやって戦技係長が決まるのだろう。取材に同行して下さった山田隊長が説明してくれる。

「隊長と班長が話をして、後任を誰にするかを決めます。通常は班長が『次は誰々にしましょう』と言って決まりですね」

あの強面で怖い兄貴分の揖斐さんの推薦で、西小路さんがその後任になったのだ。

「外見と全然違いますよ。アイビーを怖いと思ったことは一度もないです。航空総隊司令部の幕僚勤務の時も一緒だったんです。戦技係長が責任のとれる範囲は決まっていますから、その所掌の範囲内で泳がしてくれるから、やりやすかったですね」

西小路さんは揖斐さんがちっとも怖くなかったというが、信じられない。

そんな時は山田隊長が代わりに答えてくれる。

「ダイス（西小路さんのタックネーム）とアイビーはそういう関係です。でも、それより下の世代では理論面で絶対にアイビーに敵わない。まったく歯が立たない。いろいろ意見を上げてもアイビーのほうが筋が通っている。それで『だから、やれと言われたらやれよ』という収め方をする。そういう意味では後輩たちは怖かったと思いますよ」

強面の揖斐さんに理屈では歯が立たない。話はそれで終わり。あとは言われたようにやるしかない。

確かに怖いと思う。

筆者の目の前にいる西小路さんはどこか古武道の有段者の風情がある。その迫力で揖斐さんを手なづけてしまったのだろうか。

「アイビーとは第202飛行隊で一緒に勤務したことがあります。ちょうどファントムからF‐15に機種転換したばかりでした。飛行隊で認めてもらうには上手くならないといけないんです。射撃訓練で、弾が標的に何発あたるか数を競うんです。たとえば20ミリ機関砲弾を150発搭載していて、標的に命中したのが百何十発とカウントされると、皆が『おっ』て見てくれるんです。その中にアイビーもいたので、認めてくれたんだろうと思います」

サイコロがダイスになった日

西小路さんのタックネーム「ダイス」の謂《いわ》れを直接、本人に聞いてみた。

「西小路は『サイコロ』とも読めます。それでダイスがいいと思って、第202飛行隊に配属された時に自分から提案しました」

着任した夜に開かれる飛行隊の飲み会には、当時の隊長、そして荒くれ者の航学同期生のコング（堀豊）がいる。

「そこでタックネームはダイスでお願いしますと言いました。戦闘機パイロットで最初にとらなければならない資格がウイングマンの資格です。その資格をとるために、ずっと訓練するんです。それ

教導隊着隊から２年、戦技パイロットとして充実した日々を送る西小路友康１尉（写真提供：西小路氏）

をとるまでは『ダイス』と呼ばれず、『サイコロ』って呼ばれ続けました。でも、資格をとった瞬間に一人前扱いしてくれて、『ダイス』と呼ばれたんです。感動しましたね。どの先輩もしっかり『ダイス』とコールしてくれるんです」

以前、筆者は取材で新田原基地に行き、待機場所に指定されたのが第２０２飛行隊の元指揮所だった。壁のボードには『２０２ＳＱ』と表示があった。西小路さんが「サイコロ」から「ダイス」に変わった場所である。

「当時、第２０２飛行隊にはＦ-15への機種転換課程がありました。さまざまな経歴のパイロットが集まり、F‐15に乗っていました。だから先生が必要で、若いパイロットにもどんどん資格をとらせなきゃいけない飛行隊でした。若手だからといって見下すようなことがいっさいない、いい環境で育ったなと思います」

筆者の脳裏に森垣さんを取材した時に見せていただいた第202飛行隊の写真が浮かんできた。森垣隊長はフライト前に長距離走をやらせる。写真はその直後の様子で、中央に森垣隊長が立ち、ほかのパイロットは地面に座り込んでいた。森垣さんの決め台詞は、「20〜30代の若いお前たちが隊長より遅れてどーする?」だった。

「そう言ってましたね。私はランニングがすごく嫌いなんです。宴会の途中かあとで、森垣さんのところに行って、『隊長は駆け足が好きかもしれないけど、俺は嫌いだ。無理強いしないでほしい』と言ったんです」

筆者は口をあんぐり開けて西小路さんの顔を見つめた。空自で地上最強の〝森垣体育学校〟で「走るのが嫌だ」と直訴したパイロットがいたのだ。翌日からほかの人の倍を走らされたのだろうか……。

「いいえ、無理に走らされなくなったんですよ。森垣さんも大人だったと思います」

こうして駆けっこしなくていいパイロット人生が始まった。でも空では森垣隊長にがんがん落とされたに違いない。

「F‐15の米空軍の教官課程に行かせてもらいましたね」

当時、米空軍F-15の最強の空戦テクニックを学べるコースだ。拙著『鷲の翼F-15戦闘機』の中で森垣さんが次のようにBFM(ベイシック・ファイター・マニューバ:基礎的戦闘機機動)について語っている。

森垣「ニューBFMは戦闘機を知り尽くした機動ですから、空中戦はそこに応用が入るわけで一概には言えない。それが2機になったり4機になったりしたら、もっと空中戦の戦法が複雑になってくる。マニューバー・プラス・タクティクス(機動と戦術)です」

森垣「1990年に米空軍がニューBFMを採り入れたのは戦闘機パイロットを速成しようとしたからです。米空軍のパイロットはニューBFMだけを学んで戦場に送り出されるわけです」

そのBFMどんなことを学んできたのだろう。

「大変論理的に訓練が構成されていましたね。1対1の戦い方の基礎を学ぶ訓練です。8Gをかけながら真後ろ見て機動します。どんな状況でもつねに敵を視界にいれておかないといけないんです。それを体で覚える訓練でした」

森垣隊長の言葉を借りれば、当時の米空軍パイロットは、それだけ学んだらすぐ実戦に叩き込まれる状況だったのだ。

「ここで格闘戦の基礎がしっかり学ぶことができたので、教導隊に来て機数が多くなっても、それほど苦労しませんでしたね。その点は普通の飛行隊から教導隊に来たパイロットと違ったんじゃないかなと思います」

きっと西小路さんは戦場帰りの匂いを発したパイロットだったにちがいない。

米空軍で学んだ格闘戦の基礎がAGRでも大いに活かされた（写真提供：西小路氏）

「第２０２飛行隊には、自分の前にＢＦＭに行った人がいました。訓練を終えて帰国すると『隊長は俺に勝てないだろう』と言って森垣さんと空で勝負するわけです。勝敗はどうだったか覚えていませんが、森垣さんはすぐに機種転換課程にそれを採り入れましたね」

空戦が強くなるためなら森垣さんは何でもする。

その後、西小路さんは第２０２飛行隊からＡＧＲに転勤する。

「ＡＧＲがＴ‐２からＦ‐15に転換する時、ＡＧＲの人たちは第２０２飛行隊で転換訓練を受けるんです。だからＡＧＲのメンバーとはみな顔見知りなんです」

第２０２飛行隊では西小路さんがＡＧＲの「先生」

だったのだ。

「AGRに行っても知り合いばかりで、スリッパ転勤でしたね」

当時、新田原基地で第202飛行隊とAGRはお隣さんだ。スリッパで異動できる転勤をそう言うらしい。

これまでの取材では、AGRに行くと、すべてのパイロットが高い鼻をへし折られると聞いていたが……。

「覚えているのは1回目の訓練が2対2で、後席がアイビーだったんです。訓練終了後、アイビーから『何でアフターバーナーを入れなかったの?』と言われました。アフターバーナーを入れるのを忘れていたんです。たぶん弱さを見せられないから、かなり緊張していたんでしょうね」

西小路さんの高い鼻は揖斐さんに優しく折られたのだ。

幕僚経験でわかった指揮官のすごさ

西小路さんは山田真史教導隊長のほかに前任の神内裕明教導隊長の下でも勤務している。

「神内さんは見た目、怖いですもんね。見た目の怖さはアイビーどころじゃないと思います。話し方もボソボソと言うんです。煙草もよく吸っていました。ブリーフィング中にも吸ってましたね。山田さんとはまず同僚としてAGRで勤務して、私が幕僚から帰ってきた時に教導隊長されていました」

その山田教導隊長にも前任の神内隊長の怖い血統が流れていたのではないだろうか。

「いや、全然違います。確かにゴクウまでは見た目が怖そうな人が隊長に多かったですね。第11代隊長の神内さんはもちろん、第10代の金丸（直史）教導隊長も黙っていればかなりの強面です。山田さんは歴代隊長の中で見た目はいちばんやさしいですよ」

以下、2人の会話をそのまま再録する。

ダイス　最初に会ったのはフライトコース（操縦教育課程）でしたね。教導隊に行った時、ゴクウもいましたね。

ゴクウ　2人ともぺーぺーで教導隊に入ってるんです。階級は1尉で同じで、教導隊ではいちばんの下っ端。

ダイス　コーヒー淹れたりしましたね。ほかの飛行隊ではないですよね。

ゴクウ　教導隊は2佐、3佐ばっかりでしたから。

ダイス　最初に知り合った時から対等の関係なので、敬語を使わず、タックネームで呼び合ってました。

山田さんは教導隊を出て、空幕に行き、小松基地で第306飛行隊隊長を経て、第13代教導隊長になって戻ってくる。

一方、西小路さんは教導隊を出たあと、航空総隊司令部で幕僚として勤務し、再び教導隊に戻り総括班長となる。

そこで2人は再会する。

「2年間、幕僚の仕事をしたあとなので、山田隊長への意識と態度は激変しました。幕僚勤務中は、それまで見えなかったり、知らなかったことばかりだったんですよ。組織がどう動き、命令はどう作るとか。いちばん大きかったのは、指揮官と幕僚の違いを学びました。

指揮官は決心して、その責任をとらないといけない。幕僚は指揮権も何もないですが、その指揮官の決心を間違えないようにサポートしなければならない。

幕僚は正しい情報と選択肢を指揮官に提示します。これこれこうなので、この案がいいと思いますと指揮官に伝えます。

指揮官が「それじゃダメだ、こっちでいく」と言った時はわかりましたと言わないといけない。決めるのは指揮官ですから。そんなわけで教導隊に戻ったら、隊長を見る目は大きく変わりました」

幕僚勤務を経験したあとだったら、森垣隊長に「俺は駆けるのが嫌いだから、走らせるな」なんて言えただろうか。

教導隊から航空総隊司令部に異動する直前の2001年3月15日、西小路氏は071号機でラストフライト。記念撮影に笑みがこぼれる（写真提供：西小路氏）

「言えないですね。指揮官が走ると言ったら、走らなければいけない。それを走るのをやめてくれた森垣隊長は包容力がありましたね。だから、教導隊で山田隊長の下で総括班長として勤務した時は、山田さんへの見方は大きく変わっています」

その頃の教導隊の雰囲気はどんな感じだったのだろうか。

「機種転換が終わってF‐15DJになっても、T‐2時代の雰囲気を濃厚に引きずっているというか、残っていましたね。そこから論理的な方向にゆっくりシフトし始めて、それが今につながる教導隊のベースになっている。それを形にしたのが隊長の山田さんでしたね」

西小路さんが揖斐さんから戦技係長を引き継いだ頃、山田さんは教導隊を去った。

最後に、西小路さんとって、教導隊とはどんな飛行隊だったか聞いてみた。

「第202飛行隊の時は、機種転換の教官であったり、アラート任務に就くパイロットなど、いろいろな役割を演じなければならなかったです。AGRに行くと、極端な話、戦技だけです。己の腕を磨いて戦技を考えて部隊をいかに強くするかということだけを考える。だからファイターパイロットとしていちばん輝かせてもらった部隊じゃないかなと思います」

戦技係長時代、西小路さんは戦技に関するさまざまなアイデアを具申したに違いない。

「はい、いろいろアイデアを出しましたよ。こうやったらもっと強くなるとか、こういう訓練の仕方をすれば、より実戦的な戦闘の場を部隊に与えられるとか、積極的に上げていきました」

山田さんが補足する。

「そういったメンバーが集まっているからできたんだと思います。だから、教導隊長として部下たちに任せられるんです。隊長はそういう環境を作ってあげればいいし、間違った方向に行かないように見ていればよかったです。気分的には楽ですけど、ある意味、やっていることはしんどいですよ。

普通の飛行隊の隊長だと、部下が上がっているとちゃんと下りてくるか心配から始まります。教導隊では、そんなことは心配せずに戦技のことだけで頭がいっぱいです。意識がまったく違いますね」

西小路さんと山田隊長の2人の会話を聞いていて、教導隊がいかに素晴らしい関係で成り立っていたかを実感できた。

第7章　最強のアグレッサー部隊

飛行教導群の組織

本書の主題でもある「飛行教導隊」の名称は、1981（昭和56）年の部隊創設時から使われていたもので、2014年の改編で「飛行教導群」となっている。そのため、インタビューに登場してくれる現役の隊員は「飛行教導群」の所属である。「群」というのは、飛行教導群が「本部」「教導隊」「整備隊」からなっている複数の部隊の集まりだからだ。

教導隊には、部隊やパイロット個人の訓練を計画したり、部隊の円滑な業務ができるように調整などを担当する「総括班」、F-15DJで実際に訓練・教育を担当する「飛行班」、そして飛行訓練でパイロットをコントロールする「要撃管制班」がある。

飛行教導群は小松基地（石川県小松市）を本拠地とするので、航空機整備は小松基地第6航空団隷下の第303飛行隊や第306飛行隊の整備や補給を担当する整備補給群が担当している。要撃管制班は入間基地を拠点としている。まれに入間基地に教導隊に所属するコブラマークのT‐4練習機が飛来するが、これは要撃管制班の要員が小松基地に移動の際に乗っている。

上部組織を概観すると、飛行教導群は航空総隊隷下の「航空戦術教導団」の所属となっている。この航空戦術教導団の隷下部隊には、地対空ミサイルを運用する高射部隊を教育する「高射教導群」、電波情報収集や電子戦訓練支援が任務の「電子作戦群」、各基地の基地警備隊を教育する「基地警備教導隊」、主にF‐2戦闘機が陸上自衛隊部隊に対して行なう近接航空支援の教育を行なう「航空支援隊」がある。

つまり、航空戦術教導団は、空対空戦闘、地対空戦闘、電子戦、空対地戦闘、そして基地防護の陸上戦闘の各分野にわたって教育する専門部隊を管理し、訓練や演習を支援する任務を有していることがわかる。この航空戦術教導団は2014年に編成されたので、飛行教導隊はその隷下として、飛行教導群となったのである。

簡単に教導隊の歴史を振り返ると、発足は1981（昭和56）年。この年の8月に築城基地第8航空団に飛行教導隊準備隊が設置され、12月に5機のT‐2練習機による飛行教導隊として編成完結した。翌82年7月にはついに教導隊の目的である巡回教導訓練を初めて実施している。

築城基地における飛行教導隊編成完結 1981 年 12 月（写真：航空自衛隊）

１９８３（昭和58）年３月に部隊は築城から新田原に移動した。その後、１９８６年９月、１９８７年５月、１９８９年３月と立て続けに事故が発生した。この事故の影響などから教導はいったん停止したが、１９９０（平成２）年４月にF-15DJを装備し、訓練を再開し、12月にはT-２から５機のF-15DJに機種更新が完了した。また、新たな任務として、要撃管制の教導が加わり、１９９１年３月から要撃管制班の運用を開始し、８月にはF-15による初めての巡回教導訓練が始まり、新生〝アグレッサー〟が本格再始動したのであった。

２０１４（平成26）年８月からは小松基地に本拠地を移動し、航空戦術教導団飛行教導群に改編した。

２０２２（令和４）年１月31日、F-15アグレッサーとして最初の事故が起きてしまった。夜間訓練のために離陸した２機のうちの１機が離陸後に小松沖約５キロメートルでパイロットの空間識失調により墜落したものと断定された。

教導隊が使用したT‐2練習機

本書に登場するパイロットたちが乗る航空機は、発足した1981年から90年まで使用したT‐2超音速高等練習機と、その後、現在に至るまで使用しているF‐15DJ戦闘機の2機種。ここでインタビューをより深く理解するために、T‐2とF‐15DJについて簡単に記しておこう。

T‐2は日本初の国産超音速機である。導入に至る経緯には将来の日本の防空、そして航空産業を大きく左右するほど重大な決断があった。戦闘機パイロットを教育するための高等練習機の導入は、1962年のF‐104戦闘機導入後すぐに動き出している。その一方で防衛庁は1964年、翌年の昭和40年度予算要求に2機のノースロップT‐38タロンを計上していた。これは練習機としてではなく、F‐104のパイロットに必要な射撃訓練用の標的曳航機であった。

当時の防衛庁官房長はF‐X計画でF‐4ファントム導入に反対する一方でF‐5の導入を推進しており、そのための高等練習機としてF‐5のベースとなったT‐38を導入する案が非公式にあり、それを試験する意味合いもあっての2機のT‐38の予算を計上したのであった。

大蔵省はT‐38標的曳航機の予算を認めなかったが、その年、航空幕僚監部はアメリカでT‐38を高等練習機候補機として調査している。現在もT-38はアメリカ空軍の高等練習機として使われており、航空自衛隊も毎年数名の航空学生がアメリカ空軍での操縦課程（SUPT）において使用し、またアメリカ空軍のアグレッサー部隊も採用していたほど優れた練習機であることは間違いない。ただ当時は国産開発かT-38輸入かで庁内は防衛庁発足以来の大議論になっていた。

国産ジェット練習機開発か、すでに実績のあるT-38（写真）を輸入か。高等ジェット練習機導入は日本の航空産業の未来を左右するほど歴史的な出来事だった。

T-38は米空軍、海軍、海兵隊で仮想敵機として採用され、さらにT-38を戦闘機化したF-5（写真）も仮想敵機として採用されている。

　国内開発には時間がかかり、T-38採用ならば教育のギャップは生じない。視察団の調査結果もあり、T-2完成まではつなぎとしてT-38を使用することが決まった。ところが、F-4Eの導入に合わせて、T-38の予算はF-4Eの予算に組み込まれ、結果「日の丸タロン」は実現しなかった。このあたりの経緯はいわば〝闇の部分〟

でもあるが、国産の超音速戦闘機（のちのF‐1支援戦闘機）のベースとなった初の国産超音速戦闘機（T‐2）の胎動は、こうした時代背景のただ中にあったのだ。

T‐2を設計した鳥養鶴雄《とりかいつるお》氏の手記（月刊誌『航空情報』別冊日本航空機ガイド自衛隊機編、酣燈社、昭和48年）には「アメリカにT‐38という傑作機が存在していたため、財政当局ばかりでなく、運用担当者の一部からも、輸入装備という希望が出されていた。それらの反対にもかかわらず、本機の国内開発が推進され、その装備が決定されたのは、本機の国内開発によって我が国の航空技術の飛躍的発展を期待した技術行政部門の努力によるものであった」とある。

防衛庁は1967年9月には三菱重工に対して国産機の設計を契約し、国内各社の技術陣からなる設計チーム「ASATE」が設計をスタートさせている。三菱が胴体、富士重が主翼、尾翼、後部胴体を担当し、XT‐2試験機（19‐5101）は計画より約1年早い1971年4月28日にロールアウト、7月20日に初飛行、11月9日には超音速飛行に成功している。

設計した鳥養氏の記述によると、T‐2は「揚力よりも余剰推力を利用して超音速での高G旋回を追求する」という設計思想があり、その思想どおり主翼はF‐104のように小さく、翼面荷重もF‐104に近い。翼にはエルロンがなく、代わりにスロッテドスポイラーを立てて機体をロールさせる。短い翼にエルロンを設けても効果が少ないと予想したのであろうか、これにより、翼の後縁のフラップ面積が広がり、低速性能が向上したことは間違いない。こうした機体の特長は日本独自の技術であり、よく似ているといわれる英仏共同のジャギュア攻撃機とはまったく異なる思想で設計されていることがわかる。

しかし、エンジンはジャギュア用に英仏で開発した、アフターバーナー付きの低バイパス比ターボファンエンジンである、ロールス・ロイス・チュルボメカ・アドーアRB・172／T・260が採用されている。これを石川島播磨重工業でライセンス生産したTF40・IHI・801を2基搭載した。アフターバーナー使用時の推力は約37kN（キロニュートン）があり、最大速度はマッハ1・6であった。

日本は初めての国産高等ジェット練習機の開発を選び、XT-2試作機を4機製造した（写真：航空自衛隊）

初期のT・2には火器管制レーダーや武装はないが、後期型は戦闘操縦課程（後期課程）のために20ミリ機関砲とAWG・11火器管制レーダーを搭載している。飛行教導隊が使用したのはこのT・

教導隊が使用したT-2（後期型）にはソビエト空軍のような2桁の機体番号が記された。さらに国籍標識は白縁を排除し、機体の灰色塗料をスプレーして低視認化した機体も現れた（撮影：三井一郎/文林堂「航空ファン」）

教導隊の独特の迷彩塗装をしたT-2が新田原基地に展示してある。T-2最終号機の89-5196号機を往年の教導隊使用機だった69-5127の塗装に再現している。

2後期型である。

教導隊ではミグ21やミグ23など同世代のソ連戦闘機を模擬したとされ、機体の塗装はT-2練習機の標準塗装やF-4戦闘機の制空迷彩ではなく、濃淡の2種のグレーの迷彩やミグ21のようなデルタ翼機のような縁取りをした塗装など、明らかにほかの戦闘機と異なる塗装が施された。

機首に描かれる機体番号はソ連空軍戦闘機のような黄色の縁が付いた赤色の2桁で記され、戦技競技会の時期などにはさらに視認性を低下させるため国籍マークを灰色でオーバーコートするなどした。

この戦技競技会における日の丸オーバーコートはほかのTAC（戦闘機）部隊でも流行した。現在でも新田原基地正門に近い広報展示機の広場には教導隊時代の〝69-5127〟の塗装を再現した赤色〝27〟番のT-2（実際には89-5196号機）が展示され、いつも見とれてしまう。教導隊は1990年までT‐2を使用したが、ほかの部隊では2006年までT‐2を使用した。

教導隊が使用するF‐15戦闘機

F‐15J／DJイーグル戦闘機はこれまでに213機が導入された日本の主力戦闘機である。主力戦闘機とはいえ、マクダネル・ダグラス社が開発を始め、アメリカ空軍が最初のF‐15Aを導入してからもう半世紀も経つ古い設計の戦闘機でもある。

航空自衛隊はF‐104J／DJ戦闘機の後継機として1973(昭和48)年頃から次期戦闘機導入計画を進め、マグダネル・ダグラスF‐15、グラマンF‐14、ジェネラル・ダイナミクスF‐16、ノースロップYF‐17、サーブJA37ビゲン、パナビア・トーネード、ダッソー・ミラージュF1などの候補機の中からF‐15を選定した。

昭和53年度から昭和62年までの10年でマグダネル・ダグラス社製F‐15Jを2機、三菱重工によるライセンス生産機を86機、複座のマグダネル・ダグラス社製F‐15DJを12機の導入を決め、1980(昭和55)年6月4日に初飛行した日本向けのF‐15J第1号機は翌年3月1日に嘉手納基地に到着し、日の丸の国籍マークを塗装したのち、3月27日に岐阜基地に到着した。

昭和 58 年、試験飛行中の F-15DJ（12-8054）。米軍シリアル AF79-0825 を持つマクダネル・ダグラス社製の機体（写真提供：せきれい社「航空情報」）

日本が導入したF‐15は、F‐15Aの能力を向上させたF‐15Cを元にしたF‐15J型。エンジンも初期生産型はプラット・アンド・ホイットニーF100‐PW‐100を石川島播磨重工業がライセンス生産したF100‐IHI‐100を2基搭載していたが、のちにF100‐IHI‐220Eに換装。アフターバーナー使用時の推力は約105kNとT‐2の約3倍あり、最高速度もマッハ2・5となっている。

F‐15CとF‐15J両機の相違点は、国産APR‐4レーダー警戒受信機、ALQ‐8電波妨害装置、ライセンス生産のALE‐45Jチャフ・フレアディスペンサー、基地防空地上管制システム（バッジ・システム）とつなげるためのASW‐10機上データリンク装置などである。このうちALQ‐8はJ型にしか搭載されていないので、D

J型で電波妨害を行なう任務・訓練の時は胴体の下に同様の目的で使うALQ－131電子戦ポッドを付ける必要がある。

また、能力向上計画MSIP（Multi-Stage Improvement Program）として、1985（昭和60）年以降に生産された102機にセントラルコンピュータの処理能力を向上させ、一部の計器をデジタルディスプレイに変更、高性能レーダーへの換装、中距離空対空ミサイルAAM－4の搭載、統合電子戦装置IEWSの搭載、ヘルメット装着型照準装置の追加など段階的に改修が施されるようになり、さらに一部のJ－MSIP機20機に対し電子戦能力の向上、最大8発のAIM－120AMRAAM空対空ミサイルを搭載し、またはAAM－4と合わせて最大8発の空対空ミサイルを搭載できるように計画している。

さらに敵防空ミサイルの射程外からの攻撃能力を付与して、空中発射型巡航ミサイルJASSMと長距離対艦ミサイルLRASMを撃てるようにする能力向上改修計画もある。つまり、能力向上改修を受けたMSIP機は空対地、空対艦戦闘も可能な多用途戦闘機としての役割が期待されている。

飛行教導訓練の実際

飛行教導群が主に複座のF－15DJを使用するのは教導訓練で後席のパイロットが相手機の動き

F-15DJ を採用した教導隊は、T-2 時代同様に迷彩色を採用。しかし、その彩色の意図には少し変化があった。

を確認したり、距離を確認するなど安全管理に留意しているからだ。ただし、これまで単座のF-15Jを装備したこともあるし、整備などの都合で、他部隊のF-15Jを借用することもある。

では、そのF-15をどのように使うのか。部隊の役割の一つである飛行教導訓練は、各飛行隊のパイロット数名が部隊の機体を小松基地に持ち込むなどして教導訓練を受ける「カテゴリー1」、飛行隊のほとんどの機体を小松基地に持ち込んで教導訓練を受ける「カテゴリー2」、その反対に教導隊が各基地に赴いて飛行教導訓練を行なう巡回教導と呼ばれる「カテゴリー3」がある。

巡回教導は年によってまちまちだが、だいたい3カ所から5か所のF-15やF-2の

ALQ-131(V)は敵の電波を受信し、強力な送信機によりノイズやディセプションの電波を発信することで敵ミサイルを避け自己を防御する。

空戦機動計測(ACMI)はGPSにより航空機の機動データなどを記録。パイロットはこのデータにより地上に降りたのち、空戦での自分の機動を確認することができる。

基地に1週間から10日間くらいで実施され、数は6機から8機が派遣されることが多い。

多くが到着の翌日から午前と午後に1回ずつ、基地から最寄りの訓練空域で訓練を実施し、その多くが海上の高高度訓練空域で行なわれる。訓練に参加するパイロットは基本的な編成である偶数機で行なわれ、教導する側も受ける側も2機1組の「エレメント」か、2個のエレメントからなる「フライト」、あるいは複数のフライトの編隊で参加し、各エレメントがその訓練の課題に向けて訓練を開始する。

お互いに50マイルくらいの距離からスタートすれば、戦闘機パイロットは最初レーダーに頼ることになる。ところが、教導隊のＦ-15にはＡＬＱ-１３１電子妨害ポッドを装備していることがあり、自機のレーダーはALQ‐131の強い電波で妨害や欺瞞されることになる。さらに短距離ミサイルが撃てる数マイルまで接近すると教導隊のF‐15を目視でも見えてくるようになる。ここで、僚機のF‐15と間違えないようにするため、「アグレッサー」のF‐15は「識別塗装」と呼ばれる、独特な目立つ塗装が施されているのだ。

戦闘機パイロットは目標の教導隊F‐15の位置を確認しながらミサイルが撃てる兵器発射可能領域（WEZ）の位置に機体を持っていくように努める。各機には空戦機動計測装置（ACMIポッド）が翼に備えているため、空戦機動中の姿勢や速度を記録している。

訓練空域内での空戦はそれぞれ1時間程度で終え、基地に帰投。すぐに訓練に参加した戦闘機パイロットはデブリーフィングで、ACMIポッドで記録した自分の機動を確認、教導隊パイロットの指導を受けることになる。

教導のルーツはアメリカにあった

飛行教導群が使う、ニックネームの「アグレッサー」という言葉は、アメリカ空軍の仮想敵部隊で使用されている英語のAggressor（侵略者）が由来だ。日本語でも「攻撃的」という意味で使う形容詞「アグレッシブ」や、「積極的に」を意味する副詞「アグレッシブリー」で「アグレス〜」という言い方はよく使う。

アメリカ空軍が正式な飛行隊名として侵略者飛行隊（Aggressor Squadron）と命名しているのは、空軍のセンスが冴えているのか、英語という言語の深さなのか、英語を母国語とするアメリカ人が寛容なのか。ちなみに海軍では仮想敵部隊を「アドヴァーサリー」Adversary（敵）と呼んでいる。映画で有名になった「トップガン」もアドヴァーサリーで、かつての正式名は海軍戦闘機兵器学校（NFWS：Navy Fighter Weapons School）といい、海軍ではアドヴァーサリーという呼び方は部隊名ではなく、「役割」を指している。

ちなみに現在の「トップガン」は、航空戦開発センター（NAWDC）の戦闘打撃戦術教官を養成するプログラムのことを指している。

アメリカの最初の仮想敵専門の部隊は、「トップガン」が1969年創設。空軍アグレッサーはその直後1972年、ネリス空軍基地にT‐38タロン練習機を使用した第64アグレッサー飛行隊、1975年にはF‐5EタイガーⅡ戦闘機を使用した第65アグレッサー飛行隊を創設している。航空自衛隊はT‐2練習機完成まではT‐38を使用する計画があったので、導入していれば飛行教導隊もT‐38を使用したことだろう。

アメリカ空軍・海軍が仮想敵部隊を必要としたのは、ベトナム戦争における空戦の損害率の高さにあったという。戦闘機部隊の空戦訓練には敵を模した専門部隊が必要となり、A‐4やT‐38ではミ

アメリカ空軍はミグやスホーイの実機を入手して、アグレッサー部隊「レッドイーグルス」を編成した（写真：アメリカ空軍）

グ17、F-5ではミグ21を模擬することができた。そして、アメリカ空軍は1977年に秘密裏に入手した本物のミグ戦闘機を使った第4477試験評価飛行隊、通称「レッド・イーグルス」という秘密部隊を創設。外部からは窺い知れない最高機密の「エリア51」があることで知られる広大なネリス・レンジの中にあるトノパ飛行場を拠点として、東欧やアフリカ諸国、中東諸国から入手したミグ17、ミグ21、ミグ23を使用して、アメリカ空軍、海軍、海兵隊の戦闘機パイロットに対して、DACT（異機種間戦闘訓練）の相手になっていたことが、かなりあとになって明らかになった。

ちなみにこれらの戦闘機は米軍航空機命名規則に従って機種名が与えられ、ミグ21をYF-110B、ミグ21の中国製コピーの成都J-

7をYF‐110C、スホーイ22をYF‐112、ミグ23をYF‐113、ミグ17をYF‐114、ミグ29をYF‐116と呼んでいた。戦闘機の名称で、F‐111アードバーク戦闘爆撃機の前後からステルス戦闘機F‐117ナイトホークの間で戦闘機の番号が欠番になっているのはそのためだ。

本物を使ったアグレッサー部隊「レッド・イーグルス」は1990年にその役割を終え秘密裏に解隊されている。かつては実機のミグ21やミグ23まで装備していたアグレッサー部隊が、ミグ29やスホーイ27の実機を装備しないで消滅したことについて、かつて教導隊を率いた山田真史元空将は「アメリカの情報収集手段が増え、またアメリカの同盟国でミグ29やスホーイ27系列を持つ国が多くなり、DACTの機会が増えたことに関係しているのでないか」と話す。

先般、インド空軍のスホーイ30が日本に初めて飛来し、日本はロシア製戦闘機に対して初めて〝試し切り〟をしたのだが、アメリカはミグ29を持っていた西ドイツ空軍に始まり、第3世代、第4世代ロシア製戦闘機を持つインド、インドネシア、マレーシア、ポーランドなどと積極的に共同訓練を行なっている。予備部品にはじまり、整備に至るまで、継続的な維持管理が容易ではないロシア戦闘機を保持するより、確実に飛ばせるF‐16やF‐15をアグレッサー部隊に配置するほうが格段に教育の効果があるといえるだろう。所属部隊を離れ、長い列をなして自分の訓練の順番を待つ学生パイロットに、「スホーイが不調で今日の訓練は中止です」では空軍全体の戦闘機パイロット育成スケジュールがままならない。

一方で、1990年代半ば、モルドバからイランに輸出されるはずだったミグ29をアメリカが阻止し、1997年に21機のミグ21がアメリカに渡っている。また、90年代末から、少なくとも5機のスホーイ27もアメリカに渡っている。3機は元ウクライナ空軍機で、民間企業によってウクライナから輸入された。2機は元ベラルーシ空軍機でウクライナなどを経由してイギリス国防省が入手し、のちにアメリカに渡ったものだ。その直後からエリア51にあるグルームレイク飛行場とその周辺でミグ29や水色迷彩のスホーイ27の目撃情報が続出し、個人の投稿映像などで暴露されている。これらの多くの機体は民間や博物館などに渡っていることが確認されているが、数機は現在も所在がわからない。ただ、これらの機体を使用してアグレッサー部隊となっていることはないようだ。

目撃情報があった当時は、グルームレイクで第442試験評価隊によって試験されたり、アグレッサー飛行隊のF-15やF-16が空戦の試験をしたようだが、目撃情報が途絶えた現在はもう飛行していないだろう。山田元空将が分析するように、アメリカはもう実機のスホーイ27を使って学ぶ必要がないのだろう。

なお、1990年代後半、ロシアはスホーイ27など戦闘機を有償で体験搭乗させる事業を始めている。この体験搭乗に欧州の航空機ファンだけでなく、各国空軍も申し込んでおり、航空自衛隊からも本書で登場した揖斐氏を含む2名のパイロットが搭乗し操縦を経験していることが明らかになっている。これについては「秘密」の扱いになっていて、それ以上のことは公表されていないが、このことからは航空自衛隊が貪欲にチャンスを窺いロシア戦闘機から何かを学ぼうとする強い意志が読み取れる。

アグレッサー・パイロットを維持する意味

日本やアメリカのようにアグレッサー部隊を持つ国はいくつかあり、中国も空軍にスホーイ30Mk2戦闘機などを装備する複数のアグレッサー飛行隊(侵入者中隊)、海軍もスホーイ30Mk2を装備するアグレッサー(青軍部隊:侵略者中隊)持っている。

ただ、世界では維持費などの理由で専任のアグレッサー部隊を持たず、訓練のつど、部隊の何機かを敵役に設定する空軍のほうが圧倒的に多い。もちろん、日本でもこうした方法で専任アグレッサー部隊を置かずに、TAC部隊が訓練のたびに敵役を演じることもできるはずだ。しかし、それはパイロットや部隊にとっては負担になる。

たとえば、こういう見方ができる。日米ともに戦闘機パイロットの数、各戦闘機部隊の所属機数を公表していないので、参考にしかならないが、部隊の数だけで比較すると、アメリカの戦闘飛行隊(A-10とF-15E/SEを除く)数とアグレッサー部隊数との比率は78:4、アメリカ海軍は37:4、海兵隊(AV-8CとF-35Bを除く)は9:1、同様に航空自衛隊は10:1。アメリカ空軍は比率と

アメリカ空軍はアグレッサーにF-35Aを使用し始めた。飛行教導群もこれに倣うのか注目される。写真は航空自衛隊のF-35A（写真：航空自衛隊）

しては低いように見えるがアグレッサー部隊に配備されている機数は12機以上あるとされるので、おおよそではあるが、日米ともに部隊数の比率としては近いといえそうだ。

一方でアグレッサー部隊を持たない国はX：0となるのだが、その0という数字は0ではなく、X個あるTAC部隊にアグレッサーの役割を与えているのでマイナスとなって隠れていることになる。TAC部隊のパイロットは、アラート任務、訓練飛行、整備確認飛行、そして休養が必要であり、さらにほかのパイロットのために敵役の飛行業務、あるいはそのための計画や教科の検証などまで加われば、部隊もパイロットも負担が生じる。こうしたことから、専任部隊である飛行教導群がどれほど航空自衛隊戦闘機パイロットの質の向上に寄与しているかがわかる。

現在のアメリカ空軍アグレッサー部隊はF‐16C／Dを装備する第18と第64アグレッサー飛行隊、2022年からステルス戦闘機F‐35Aを導入した第65アグレッサー飛行隊があり、このF‐35部隊には2023年4月に飛行教導群のパイロットが視察のため訪問していることが報じられた。この動向は将来の飛行教導群にF‐35が加わるのかどうか、深く関係しているかもしれない。そして、2023年5月には新たにF‐16C／Dを装備する第706アグレッサー飛行隊が創設された。

アメリカ空軍は輸送機やヘリコプターも含めた全機種でパイロットの数が1200人不足していると2023年に発表しており、戦闘機パイロットも不足しているとされる。それにもかかわらずF‐35Aを加え、さらに新しいアグレッサー飛行隊を作ったということは、近代化する中国空軍の状況が背景にあるといえそうだ。中国空軍機が日々飛来接近し、TAC部隊は毎日が準戦時態勢にあるといえる台湾空軍でさえも花蓮基地にF‐16A／Bを装備する仮想敵中隊を維持しており、脅威度が増すほどパイロットの技量向上が不可欠であることを、アメリカや台湾の運用思想が示している。

こうしたことから想像できるのは、飛行教導群はいずれF‐15DJからF‐35Aに機種更新する日が来るのではないかということだ。この先に登場するパイロットたちの話から教導隊の本質、歴史と未来を読み解いてみたいと思う。

第2部　教導隊復活の歴史

第8章　伝説の天才パイロット――森垣英佐

知られざる教導隊の〝闇の歴史〟

本書『赤い翼』の取材は、福岡市在住の増田直之・第3代飛行教導隊司令から始まった。そして、増田さんから紹介されるかたちで、T-2時代のエース・酒井一秀さんにインタビューし、第12代飛行教導隊司令の神内裕明さん、第13代教導隊長の山田真史さん、そして山田さんを支えた飛行班長の揖斐兼久さん、戦技係長の西小路友康さんへと取材を続けてきた。いずれもAGR（飛行教導隊）の濃い血脈をつなぐ隊員たちばかりである。

彼らのインタビューを通じて教導隊がどのような飛行隊であるか、実感として理解できた気がする。

ここからは、教導隊史の中の象徴的な出来事について、当時の教導隊員から話を聞くことにする。一つは、最強であるべきT‐2教導隊が新鋭のF‐15戦闘機を相手に連敗するなか、どうやって教導隊を再建したかであり、もう一つは、T‐2教導隊を襲った三つの大事故である。

それらを明らかにする前に教導隊最古参の増田元司令にあらためて話を聞いた。


増田司令は、いきなりラップトップのパソコンを開くと、筆者に画面を見せた。

「これ、知ってます？　飛行教導隊の隊歌」

筆者の頭の中は真っ白になった。見せられたPC画面には「You Get a shot! きらめく眼差し定めて……」と、歌詞が表示されている。

「歌える？」

筆者は増田司令を見た。双眼は水平二連式ショットガンの銃口のようにこちらに向けられていた。その迫力に歌えないとは言えず、うなずいてしまった。ここで歌わないと取材は終わってしまう……。動転して適当に出だしの箇所を口ずさんでしまった。

次の瞬間、好々爺だった増田司令が一変した。

「山田！　こいつに歌を教えとけ！」

筆者の全身が恐怖で凍りついた。この怒声こそが教導隊初期の「ものすごく怖い教導隊」の姿だ。

筆者は、隣に座る山田ゴクウさんに救いを求めた。しかし、山田さんは下を向いたままだ。教導隊は自分が不利な場合、いったん逃げるというが本当だ。

筆者は増田司令に視線を戻すと、その表情は山田さんに向けた鬼の形相から好々爺に戻ろうとしていた。しかし、数千人以上のインタビュー経験のある筆者は、その表情は完全には戻っていないことに気づいていた。

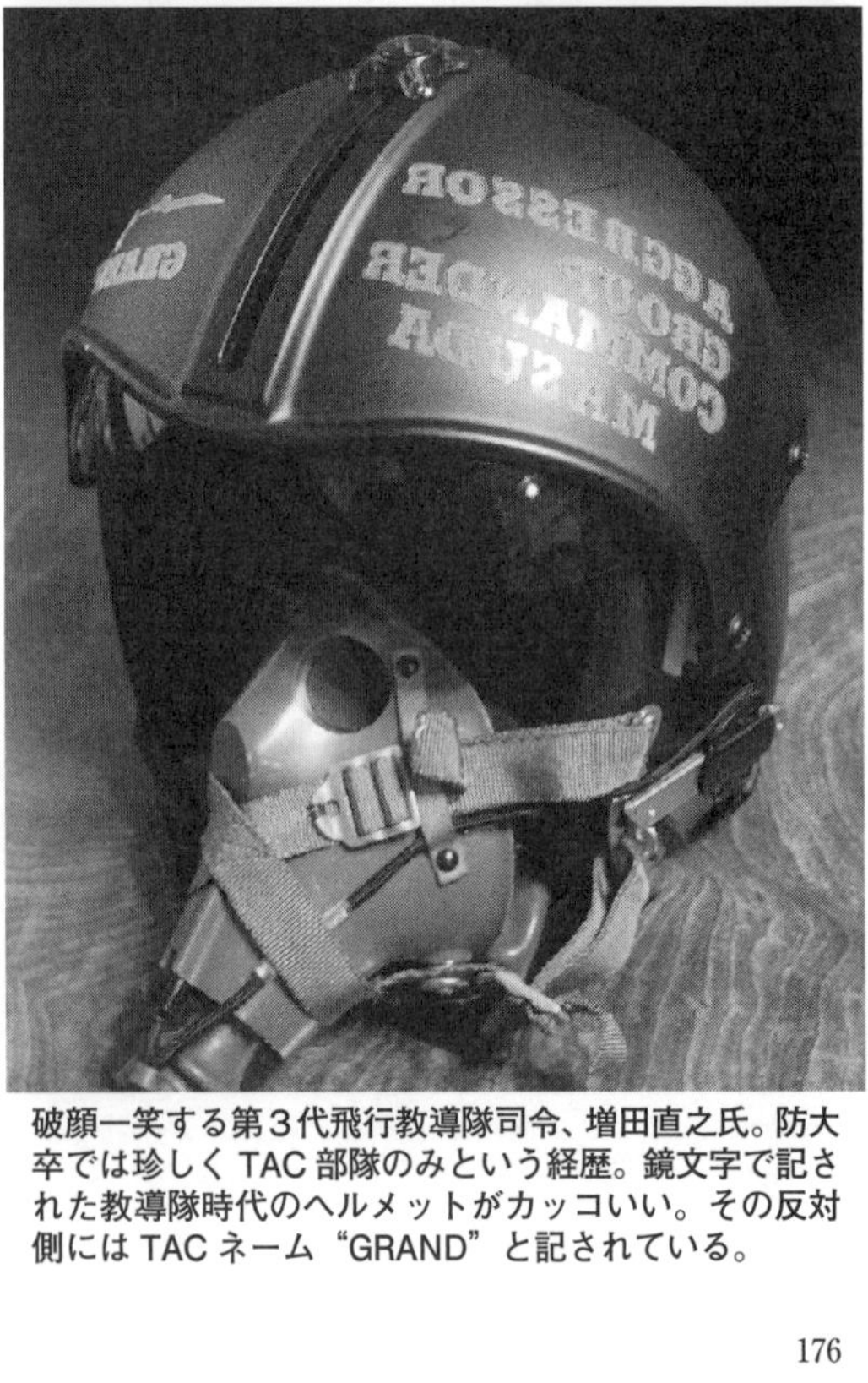

破顔一笑する第３代飛行教導隊司令、増田直之氏。防大卒では珍しくTAC部隊のみという経歴。鏡文字で記された教導隊時代のヘルメットがカッコいい。その反対側にはTACネーム“GRAND”と記されている。

怒りの矛先をかわすため、筆者は姑息な手段に出た。山田さんは歌えますか？

「歌えるよー、歌えなかったらクビだよ」

増田司令は1等空佐で退官、山田さんは空将である。佐官が将軍を指導する光景はめったに遭遇するものではない、師弟関係の強い教導隊ならではである。

筆者は「本当にすいません。教導隊に歌があることを、いま知りました」と素直に謝った。

「強い口調になったのは、この歌には特別な思い入れがあるからだ。隊司令の時、テニス仲間だった井口直久氏（のちのMRT宮崎放送会長）に作詞（作曲・神崎充）してもらったんだ。第204飛行隊の賛歌「VIVA‐204」（F‐104最後の飛行隊長・森本益夫隊長が制作依頼）も、教導隊司令の次に私が隊司令を務めた警戒航空隊の隊歌も井口氏に作詞をお願いしたんだ」

増田司令の表情がなごみ、ようやく機嫌が直ったようだ。ここで教導隊の謎の一つについて尋ねた。

教導隊が全国の飛行隊に出かけて、訓練を開始する時の決め台詞である。

「森垣さんから聞いた話ですが、『おい、お前ら、この教導訓練で失敗したら、お前ら死ぬんだぞ。その気でかかって来い』と最初に言ったのは誰でしょうか」

「それは常識です。その当時は、まぁー私が言ったんでしょうね」

それに続く台詞「お前ら、訓練でやられたら死ぬんだから、車のキーは俺らがもらって帰るからな。やられた奴は車のキーを置いていけよ」と言ったのもやはり増田司令だろうか。

「それを言ったのは酒井だ。私はそんな悪いことは言いませんから」

筆者の脳裏に酒井さんとの会話がよみがえる。

「空戦訓練で負けたら、お前らの車のキーを置いていけよ、俺らがもらうから」と言われたという滅茶苦茶、怖い話が伝わっているんですが……。

「その事実があったことは認めるよ。でもそんな言い方じゃなくて冗談めかして言ったんだよ」

言ったのは鷲神様の一人である森垣さんなのだろうか？

「それを言ったのは森垣さんじゃないよ。誰だか知っているけど……」


いま筆者は確信した。目の前にいる増田司令が言ったに違いない。

「で、その車を『借りて』ね、魚釣りに行きましたけど。酒井は、誰がいい車を持っているか、ちゃんと知っているんです。釣りに行くには大きい車じゃないと（笑）」

こうして酒井さんの高級な釣り竿が傷にならず、増田司令の釣り竿もきちんと収納できる大型車を調達して釣りに行く。教導隊はＴ‐２飛行機で来ているから、移動手段がない。

「そうそう、ありがとうねって言うんです。そこにいる間は使わせてもらう。悪いのは酒井、私はいい人（笑）」

（絶対そうは見えない……）

でも、その言葉を筆者は身体の奥底に飲み込んだ。

増田司令が山田さんを見て言った。

「山田、今でも続いているのか？」

「今の連中はやってないかも。我々の時はまだ借りてました」

知られざる教導隊の〝闇の歴史〟である。

最後に増田司令に森垣さんとの出会いを尋ねた。

「F‐86F時代、私が第7飛行隊（1960年松島基地で新編され、1977年に閉隊）で、森垣は第5飛行隊。一緒にサッカーをしていました。彼は足が早くてサッカーが上手い。素潜りも得意で、何でもできるスーパーマンだね」

海に潜っている森垣さんが釣り針にかかった魚を外すいたずらをしたと聞いたことがある。

「『お前、俺の針に魚をつけてこい』と言ったことはあるけど、『外せ』とは言ってないなー。当時、新型のAIM‐9Lサイドワインダー（赤外線を探知して攻撃する空対空ミサイル）が登場して、教導隊にとって非常に厄介と聞いていた。そこで、その対策のために森垣を呼んで、一緒に教導隊に行ったんだ。教導隊は全部で14人いたかな」

アグレッサーの始まりである。

森垣さんがAGRに呼ばれた理由

翼シリーズ『鷲の翼F‐15戦闘機』の取材で伺ったことのある森垣英佐《もりがきひでのすけ》(79歳)さんのご自宅(宮崎県新富町)を再び訪れた。玄関にはレース仕様のロードバイクが置いてある。

「今日も乗りましたよ」

鷲神様は健在だ。

1981年8月、森垣元1等空佐は、F‐15の操縦教官資格を米国留学で取得して帰国。F‐15臨時飛行隊教官、第202飛行隊長などを歴任し、F‐15の導入当初からその戦力化に尽力した。

一方、1981年12月、築城基地で飛行教導隊が新編され、翌82年7月からT‐2機による巡回教導訓練が始まった。

最強の飛行隊である教導隊は、F‐4、F‐104の部隊を赤子の手をひねるように打ちまかし、やがて森垣さんらが戦力化したF‐15と渡り合うようになっていった。

当初、T‐2教導隊は「最新鋭のF‐15がなんぼのもんじゃい!」との気合いで空戦訓練を挑んだものの、要撃管制官(GCI)から、T‐2教導隊に次々と無線が入る。

「教導隊、全機シャットダウン」

空戦訓練の開始直後、互いに対峙した時点でF－15に撃ち落とされたのだ。

T－2教導隊は、何が起こったのかわからなかった。

T－2教導隊で、F－15に乗った経験のあるパイロットはいなかった。

その頃、森垣氏は1983年3月から第203飛行隊（千歳）に配属され、F－104からF－15に機種転換する任務にあたっていた。

そこに、T－2教導隊が第302飛行隊（F－4）に教導訓練にやってきた。

「訓練後、村田和夫（第2代教導隊長）から『森垣君、部隊に来てもらえるか』と言われました。教導隊も次はF－15を使うから、F－15を知っている者がいないと部隊が成り立たないんだ、ということでした」

戦う前からT－2が撃ち落とされているとは決して言わない。教導隊の矜持である。

「次の飛行教導隊司令が増田さん、教導隊長が冨永（恭弘）さんです。冨永さんとは第301飛行隊の時にサッカーを一緒にやっていました。増田さんもサッカーやっていたから、よく知っているんです」

空自最強の教導隊はサッカーつながりだった。

それにしてもT－2教導隊は、F－15の新しいヒートミサイル「AIM－9L」が正面からでも撃てるというのを知らなかったのだろうか。

F-15の導入パイロット森垣英佐氏。日本で最もイーグルを知る森垣氏が教導隊に呼ばれたのは必然であった。

「知らなかったと思います。だから、私はF-15の『AIM-9Lショット』のビデオテープを持参して教育しました。新兵器の能力は体験しないとわかりません。それまでのミサイルは後方から排気ガスの熱源を追尾して命中させました。新型のサイドワインダーは相手機の熱源が大きければ、前方からでも撃てるんです。ミサイルがロックオンして、ミサイルが喰い付いているビデオを見せて、こういうふうに撃てるんですという教育をやりました」

教導の前にまず教育だ。

「正面からF-15にミサイルを撃たれても、すべて教導隊のT-2に命中するとは限りません。当たらないこともあるから、それ以降は空戦をやらざるを得ないんです。フレアがあればヒートミサイルの命中率は低下しますから」

ということは、T‐2教導隊が、『フレア射出！』と要撃管制官に通告して空戦教導を開始することもできるのだろうか。

「そういったこともできます。T‐2がアフターバーナーを切ったりもしましたよ。そうなると赤外線追尾のサイドワインダーはロックオンできないこともある。いろいろな手があるんです」

こうして森垣さんの対F‐15の教導が始まった。

当初、教導隊が使用するT‐2を見て、「これでどうやってF‐15に対抗すればいいのか？」「劣勢機で優勢機のF‐15と互角以上に戦うにはどうするか？」について考え始めた。

「まあ、T‐2では、F‐15と1対1は難しいですね。誰がやっても勝てません。だけど、相手機の弱点をつかんで戦うこともできる。F‐15のいちばんの弱点はビックウイングです。空飛ぶテニスコートといわれるくらい大きい。しかもシングルシート（単座）。目は二つしかない。スモークドエンジン（煙が遠くから排出されているのが見える）といわれるけど、それに関しては、私はあまり感じなかった。ただ、F‐15はでか過ぎる。T‐2のレーダーでは捕捉できないけど目視できます。背景によっては30マイルくらいで、F‐15は見えるからね。いいレーダーを持つ飛行機のパイロットはレーダーに頼っちゃうから目を使わなくなる。私はF‐4ファントムの教官歴が長かったので、レーダー以上に目で見た方ですから」

遠くにいるF‐15のパイロットがこちらを見ていないとわかると、森垣さんは一気に落としにいく。

「当時のレーダーは前しか見えないから、横に移動すればレーダーは全然使えない」

森垣氏のT‐2は、横または後ろに回り込んで、F‐15を落す。

「レーダーを使っているF‐15に対しては、ナンシー（中川尋史2佐のタックネーム）の考案したT‐2のスピードブレーキに細工したチャフを使いました。それでF‐15を騙せることもありました。そこから死角に回り込んで撃墜です」

話に出たナンシーこと中川2佐は、飛行時間5228時間のベテランパイロットである。1999年11月22日、門屋義廣3佐とともにT‐33練習機で訓練の帰途に機体トラブルが発生。住宅地を避けて入間川の河川敷まで機体を誘導したのち墜落炎上した。直前に両名はベイルアウトしたが、すでに安全に脱出できる高度以下となっていて殉職された。

さらに森垣氏は話を続ける。

「ほかにも、1機のT‐2がF‐15のレーダーにわざと映ってすぐに引っ込む。でも、その機は囮です。同じ技量なら飛行機の性能の差が出ます。しかし、そこでF‐15がミスすれば、T‐2にやられてしまう」

こうして2機のT‐2でF‐15を撃墜する方法が編み出され、教導隊はF‐15相手の教導ができるようになった。

「教導は編隊でやります。だから、T‐2が4機（2機チーム2個）の時も、最初の2機が途中でブレイク（1機ずつに分かれること）する場合もあるけど、大体、編隊は2機チームで組んで、残りの2機が落としにかかる。

なんといっても教導隊の強みは、地上にGCI（要撃管制官）がいることです。第3のウイングマンとして、味方と敵がどこにいるか教えてくれます」

森垣氏はT-2でF-15を打ち負かす戦術を編み出した。イーグルを知り尽くす者だけがなせる業だ（撮影：三井一郎／文林堂「航空ファン」）

4個の髑髏が空を飛び、1匹の毒蛇が地上からレーダーで敵機がどこにいるか教えてくれる構図だ。

「レーダー性能に劣る劣勢機のT‐2にはGCIのサポートが重要なんです。そのため、後席にGCIを乗せて空戦を体験させました。GCIの若手も含めて全員、交代で乗せましたよ。着陸すると、『きつかったです』と言ってたな」

いつもはレーダー画面を見ているだけのGCIに空戦がどういうものかを実地に教える。

「GCIも空戦を体験しているから、レーダー画面を見ていて、いまどういう状態かわかる。機動図だって作成できます。教導隊はパイロットだけじゃないんです。GCIとパイロットのチームワークなんです」

逆に森垣さんが地上のレーダーサイトで航空管制を学ぶことはあったのだろうか。

「それはなかったなー」

教導隊OBの取材にいつも同行してくださる山田ゴクウ氏から助言があった。

「我々が新人の時、それをやりましたよ。レーダーサイトに行ったら『今からミッション始まるから、ここに座ってね』と言われて教えてもらいました」

「やられたんだ。私の時はなかった。後ろにGCIを乗せるだけだった」と森垣さん。

教導隊のT‐2が6機だと、かなりの確率でF‐15を落とせると聞いている。

「その場合、引き付け役と攻撃役がいて、交互にかかって行く。F‐15の射程に入る前に離れてそれをF‐15が追いかけてきたら、後方にいる攻撃役が後ろに付く。そのT‐2にF‐15が反撃してきたら、さらに5〜6番機のT‐2がそのF‐15を挟み込む。こういう感じです。この連携プレーは難しいんですが、GCIがカバーしてくれます」

空飛ぶ6個の髑髏が、地上の毒蛇に導かれて、2羽の鷲を追い詰めていくイメージが浮かんできた。

「そんな感じ。前にも言ったけど、F‐15のパイロットはレーダーに頼るところがあるから実際には見えてない。でもこちらは、F‐15は大きいから、遠くからでもよく見えるからね」

森垣氏の新たな教育により、T‐2教導隊はF‐15に対しても堂々の教導を再開することができた。

教導隊は実戦のつもりでかかっていく

森垣さんが飛行隊長だった頃の第202飛行隊は、別名「森垣体育学校」と呼ばれるほど地上をよく走る。「森垣体育学校」経験者のイーグルドライバーは異口同音に「陸自より走りましたよ」と言う。

教導隊でもパイロットたちを走らせたのだろうか。

「いや、まったく走らせてないよ。ナイトフライトもあまりないから、遅く行って早く帰ってきた」

教導隊はすべてがきついと思っていたがそうでもないようだ。

陸自隊員以上に走り、海自隊員以上に泳ぎ潜る。森垣氏のTACネームは“HUNTER”。潜れば水中銃で魚を仕留める「ハンター」となる（写真提供：森垣氏）

「飛行隊は朝六時に出勤するけど、教導隊は朝八時までに出勤する。当時、新田原基地は、第３０１、第２０２飛行隊とＡＧＲの三飛行隊がいて、飛ぶ時間は決まっている。だから、ＡＧＲは遅く出勤してもよかった。ナイトフライトもないから、『教導隊は帰るの早いね』とよく言われた。その代わり集中してやるから、さっと帰る」

飛んでいない時は、海で魚釣り……。

「魚釣りしましたね。皆が釣っている時、俺は潜って魚を獲ってました」

第12代飛行教導隊司の神内裕明さんが新人の頃、「森垣さんは魚が針にかかると潜って外しちゃうんだよ」と言っていたが、それは事実なのか聞いてみた。

「針を外すというのは嘘ですよ。彼らとは別に潜って魚を獲っていただけです」

素潜りの腕前はどこで学んだのだろう。

「最初の任地が松島で、海が近いじゃないですか。それで海に潜ってクロダイを突いていました」

クロダイは釣るのが難しいイメージがあるが……。

「釣ろうとするからですよ。潜ったら、波消しブロックの隙間にいるから突きやすいです」

そのテクニックは空戦に役立つような気がする。

「空戦と素潜り漁は別物です。素潜りなら、この魚がいちばんいいと見て判断して獲る。地上と船からの釣りは上げるまで何が釣れたか、大きいか小さいかわからないじゃないですか。潜ればすべて見えますから」

やはり空戦と素潜りは似ているように思う。

当時の教導隊は、増田司令と冨永隊長の最強かつ最恐コンビと聞いている。

「増田さんと冨永さんの時代に教導隊に行ったからね。全国の飛行隊すべてを年二回、教導する形を作ったのは増田さんです。増田さんと冨永さんという個性の強い2人がいたからこそ、いいチームができました。冨永さんは1985年3月から翌年7月までだから、1年ちょっとしかおられなかったけど、増田さんと私は一緒に教導隊に来て3年いましたから」

増田司令がソ連空軍機らしい塗装を施したのだろうか。

「はい、増田さんだったと思います。T-2の白っぽい塗装は見えにくい効果もありますが、迫力がないじゃないですか」

筆者は、教導隊機特有の塗装を考えたのは森垣さんではないかと勝手に想像した。

煙草は皆、吸われていたのだろうか。

「私は26歳でやめて、増田さんは吸わない。吸っていたのは冨永さん」

教導隊パイロットは訓練後のブリーフィングで壁際に並んで座り、飛行隊パイロットの説明を聞きながら煙草の煙をアフターバーナーのように吐き出すと、「へー、そうだったんだ」と悪魔のように囁く。知り合いのイーグルドライバーのOBたちも、「昔の教導隊は怖かった」と口を揃えて言う。どうも、その原点は増田司令、冨永隊長の時代にあるようだ。

いつものように山田さんが説明してくれる。

「増田さんは、いつも実戦のことを言われていましたね。教導隊20周年の時も『君たちは本当に戦えるのか?』と訓示されていました」

それを聞いた森垣さんが補足する。

「増田さんは『教導隊は実戦のつもりでかかっていく。実戦の場を作って、そこに入れるんだ』って言ってましたね」

森垣さんは古い写真を取り出した。日本人と外国人が一緒に酒を酌み交わしている写真だ。

「これは、米空軍のクラーク基地にいたアグレッサーと交流があって、一緒に飲んだ時の写真です。当時、彼らが使うのはF‐5戦闘機。T‐2のように小型で、性能的にはT‐2とあんまり変わらない。そんなこともあっていろいろと教えてもらった」

教導隊がソ連空軍を演じる基礎になった「ミグ・タクティクス」だ。

クラーク基地から飛来した第26アグレッサー飛行隊のパイロットたちと延岡の民宿へ一泊旅行。彼らは教導隊の「勢い」に圧倒されたに違いない。左端は富田豊氏、一人おいて酒井一秀氏、中央の横縞のジャージ姿が森垣氏。後方は内藤壽美氏、右から二人目は1987年5月8日の航空事故で殉職された緒方和敏氏、右端は増田司令（写真提供：森垣氏）

「私の時には、彼らは二回来ました。その前にミグ・タクティクスについての情報はいろいろと入ってきました。劣勢機が優勢機にどうやって勝つかという戦法です」

映画『トップガン』で、敵機役のミグが密集隊形を解いて、レーダー上で２機が４機になるシーンがあった。

「４つにポンと分かれるのは、チャフがあればやってましたよ」

映画では、敵機役のミグが米海軍トムキャット２機編隊の間をすり抜けていったが、実際にはありえるのだろうか。

「あんな危ないことはやりませんよ」

ミグ・タクティクスをマスターした教導隊が全国の空自戦闘機隊にその技を披露し教導していく。

教導隊がやられる時もある。そんな時は……

空戦訓練が終わり、地上に戻ると、教導を受けた飛行隊のパイロット（主にFL：フライトリーダーと呼ばれる4機編隊長）が、どんな空戦をしたか機動図を描いて教導隊に説明する。

「その機動図を我々が見るんだけど、ちゃんと描けるのはあまりいなかった。多数機の場合はとくにそう」と森垣さん。

筆者は、第12代飛行教導隊司令を務めた神内裕明さんを取材した時、「機動図について森垣さんから24の質問があった」と半ばあきれた表情で言われたことを伝えた。

「ジャック（神内氏）と私はチームでしたからね。24個ですか。それは覚えてないなー。でもセットアップから順番に追って行って最後の離脱までやると、そのくらいになるかな」

厳しい教育を受けた若手パイロットはずっと覚えていて、教えた側は忘れている。

教導訓練を受けるF‐15戦闘飛行隊は恐る恐る教導隊機に向かってくる感じなのだろうか。

「F‐15飛行隊は全員本気です。同じ飛行隊の先輩とやる時と違って、教導隊は完全に敵ですから」

まさに真剣勝負である。

「こっちも、やられたくない。でも教導隊がやられる時もあります。ただ、教導隊機を落したF‐15

はすぐに別のT-2教導機に落とされる。地上に帰ってからのブリーフィングで、『1機落したあと、お前が落されるのは、周りが見えてないからだ』と指導します。落としたあとで帰って来られなければ、それはいちばんの馬鹿者です」

たとえ空戦で敵を落しても、自分が無事に生還しなければ意味がない。

「ドッグファイトを空中戦と言う人もいますが、実戦ではそうはならないんです。ドックファイトは、本当に最後に逃げるとか、離脱のためにやるものです。昔の空中戦はグルグルと回っているイメージがありますが、相手機とマージ（交錯）してから、一瞬で相手と自分たちの関係を把握して不利だったら逃げる。やれるんだったらやる。実戦とはそういうものです」

勝負するか逃げるか交錯した瞬間に判断する。その感覚をつかむことが空戦テクニックの第一歩なのだろう。

「教導隊が飛行隊に行って訓練するだけではなく、飛行隊のパイロットを教導隊に呼んで、T-2の後席に乗せて空戦の実相を体験させるようにしたんです。カテゴリー1と呼んでいたかな。若いパイロットには大事なことです。今でもその研修はやってるの？」

森垣さんは後輩の山田元空将に尋ねる。

「カテゴリー1はやっているはずです。教導隊機に乗せるというのはすごくよかったですね」

教導隊に呼び寄せるパイロットはどのように選抜されるのだろうか。

「飛行隊はまったくの新人を送ってきません。戦技指導者クラスを選んできます。彼らが見たかったものを実体験させますが、これは非常に役に立ちます」

飛行隊から2機程度の戦闘機を教導隊基地に飛来させて、教導隊と一緒に飛んで、空中戦を教導することもしているという。

「2機のF-15に対して、こちらも2機の計4機で、1週間くらいやりましたね。彼らが飛行隊でやっている訓練とは戦闘のやり方が違うという意識を持たせて帰しました」

そんな飛行隊パイロットの中で、(こいつ、成長していくな)というのはわかるのだろうか。

「上手いというのはわかるね。こいつはできるなという程度ならすぐにわかる」

どんな時にそれがわかるのだろうか。

「飛ぶ前の機体の外部点検、内部点検、その時の目の動かし方でもわかります。とんちんかんなところを見ているヤツはアウトですね」

飛べばすべてがわかる……。

「編隊長機の意図がわかっていて何も言わなくてもピタッと2番機の位置にいる。『ああ、こいつはようわかっとる』となるじゃないですか。一を聞いて十動く。そういうのがいてくれると助かるけど、なかなかいないんで、無線を使いっ放しになる」

一を聞いて十を知るのではなく十動く……それは難しい。

第 301 飛行隊の F-4EJ、第 202 飛行隊の F-15J との異機種編隊で新田原基地上空をフライバイする F-15DJ 教導隊機（写真提供：森垣氏）

「空中戦をやれば、上手いのと下手なのはすぐ差に出るね」

上手いのは生き残り、下手なのは落される……。

「編隊組んだだけで、できるかできないかはわかりますよ。2番機がどんな動きをするかを常に見ているからね。空戦が下手なのは、機動がわかっていない。相手の機動に対して、適確に動けないのがいちばんまずい。すぐに敵機をロスト（見失う）してしまうのもダメだね」

確かにそれでは、すぐに落とされそうだ。

そして、飛行隊に戻ったパイロットは年に一回、巡回してくる教導隊と10日間の訓練を行なう。

訓練開始前に「お前、あれから、上手くなったんか？」とか聞くのだろうか。

間髪を入れず山田さんが代わりに答えてくれた。

「教導隊は、飛ぶ前のプレブリーフィングではあまり物を言わないんです。確認事項をチェックして、安全に関わることを言ったら、すぐにミッションに入ります。地上に戻ってきてから指導するのがいちばん効果あるんです」

乗る前にビビらせるのは初期の教導隊だけらしい。

複座は空戦を強くする

空中で若手パイロットに戦い方を教えるいちばんよい方法はあるのだろうか。

「それは複座です。教官が後席に乗って前席のパイロットに教えるのがいちばん簡単ですね。あるいは、後席に乗せて、前席で『こうやる』と動かしてみせる方法もあります。単座機はそれができないから難しい。単座機は、一人で飛ぶということから始まる。一人で飛んで、アクロバットとか好きな機動ができますが、空戦では相手がいるから難しいんです」

T‐2は練習機なので複座。後席に教官が乗り、前席の新人に操縦を教える。F‐4は複座機で、F‐15にはF‐15DJという複座機がある。

「F‐104にもDJがありました。F‐86はまったくのソロ、単座機だけです。私もF‐86で教官をやったけど、離陸して学生の様子をみて編隊飛行したり、宙返りやロールをして下りてくる。そんな感じでちょっとずつ自信をつけさせてから空戦訓練をやりました。複数機を率いて空戦訓練をやりましたからね。いま思うと、あんなことをよくやったなと思います。誰も殺さずF‐86で2000時間ほど飛行しました」

教育には複座機が適しているようだ。まさに複座機が空中戦を強くする。

「それはあると思います」

最新型のF‐35Aには複座はない。2030年代後半に完成する予定のF‐2後継機には複座機を作ったほうがいいのだろうか。

「複座は目が4個あります。でも、これはパイロットを養成する時の話で、防衛装備の面から検討されるべき大きな問題です」

百発射撃して92発命中

空自戦闘機パイロットの誰に聞いても、口を揃えて「森垣さんは天才パイロットだ」と言う。でも取材を続けていくうちに森垣さんの別の才能がみえてきた。それは「己を知り、敵を知る」才能である。

「F‐86時代の話ですが、空中で標的に対して、12・7ミリ機銃を百発撃って、何発命中するかという科目がありました」

拙著『鷲の翼　F‐15戦闘機』に次の記述がある。

F‐86の固定搭載武装は12・7ミリ機関銃6門。森垣氏はF‐86でバーナ曳航標的に対して、百発射撃して92発を命中させた腕の持ち主だ。

「当時、F‐86の空対空射撃訓練では6門の機関銃のうち、実弾を装塡するのは2門です。2門それぞれ50発ずつ装塡。それを3回ほどに分けて30発ずつトリガーを操作して、距離は2万フィート（約6千メートル）から入って、リバース（反転）しながら、ダダダっと撃つんです。空対空射撃訓練で使用するナイロン製帯状の曳航標的（バーナターゲット、6フィート×30フィート）は、命中すると機別ごとに弾痕の色がちがうので誰が撃った弾かわかる。とにかく、視力、そして射撃にはセンスが必要です。金属製の三角錐の曳航標的（ダートターゲット）は経験の浅いパイロットだと、なかなか当たらないんです。F‐15の20ミリ機関砲はよく当たるんですが、当たるようになるにはセンスが必要です。また、操縦もセンスです。これは初歩の練習機の段階でセンスのあるなしはすぐにわかります。編隊飛行、航法、計器飛行、センスのある者は3、4回飛べば、そこそこできる。センスのない者は10回飛んでもできない。空対空射撃は野球にたとえると、バッティングと同じ。1回空振りして次の球で打てる人はセンスがあるということです」

森垣氏の「教導」により何人も優秀な後輩パイロットが生まれたという。まるで物理の講義のような、それでいて親父が子供に諭すような話術のインタビューからもそれを感じた。

亜音速で飛ぶ戦闘機から動く標的に対して、フルオート射撃で百発中92発を命中させる。

誰もが森垣さんを天才と呼ぶ所以である。

「百発あってもそんなに当たるもんじゃない。射撃の上手い先輩のフィルムを借りて、何回も何回も見ました。それで、ここでこうしているんだなとわかってきます。標的に対するアプローチがいちばん大事で、あとは細かいコントロールです。F‐4も、F‐15との空戦もその積み重ねです。なんもせんとボーっとしていたら絶対に上手くなりません」

すごい努力をされていたんですねと、思わず口に出てしまった。

「してましたよ（笑）。フィルムが薄くなってすり切れるほど見て、人の技を盗むのに努力しましたね」

筆者の脳裏に、山田元空将の「基地に帰ると、森垣さんが来て『いまのところのガンカメラのビデオを見せてくれないか』と言われました」という言葉が蘇った。森垣さんは、山田さんの機動に参考になるものがあると確信したからに違いない。そうした日々の積み重ねが天才といわれる技量を生み出したのであろう。

「守破離《しゅはり》です。人の術を守り、それを破り、離れる。剣術と同じです。昔からの教えですけど、日本人はいいことを言いますね。

戦闘機操縦者の基本は身体です。高Gに耐えられる身体。飛行機に負けない、飛行機に勝つ体力を

地上では誰よりも早く長く走れ、水中では誰よりも長く潜れる。空中ではタックネーム「ハンター」の名前のとおり相手機を狩り続ける。

そして、天才の称号の裏には凄まじい努力の裏付けがある。

インタビューの最後に森垣さんから見て、「こいつはすごい」と思われるパイロットの名前を尋ねた。

「名前は出せませんが、私以上に能力の高いパイロットは何人も育っています。頼もしい限りです」

森垣さんの取材を終えた筆者は、次の教導隊パイロット山本忠夫さんの元に向かった。山本さんは、T-2教導機が墜落した事故を上空で目撃している。

第9章　最強の教導隊2番機——山本忠夫

おじさんの跡を継いで戦闘機乗りへ

山本忠夫さん（通称、山忠《ヤマチュウ》）は、航空学生22期生で、F-86、F-104、F-4、F-15と空自創設期からの戦闘機全機種に乗り、AGR時代、T-2で、F-86を除くすべての戦闘機を叩き落とした猛者である。総飛行時間7300時間を誇る。

前出の酒井一秀さんの言葉がいまも心に残る。「T-2の時代に三件の事故が起きている。で、皆、死んでいる。そんな悲しいこともあって、俺が思うに『壮絶T-2教導隊』と言いたいくらいだ」

その三件の事故のうち二件を目撃したのが山忠さんである。壮絶な空の現場を見た男に会いに行った。

待ち合わせ場所にはすでに大男が立っていた。場所は関西のある有名な繁華街。第201飛行隊の部隊マーク「ファイティングベア（戦う羆）」そのままのイメージである。分厚い胸板に太い首、キャップの下の双眸《そうぼう》から放たれる視線は鋭い。

その迫力に山本さんが歩くと、モーゼが海を渡った時のように繁華街の人波が左右に分かれた。

取材用に借りた部屋に入り、まず着席いただく。どんな敵機も通さない空中の壁のように見えた。

筆者は神戸生まれだが、関西の餓鬼は小さい頃はやんちゃ坊主だ。

「まあ、やんちゃでしたね。喧嘩が強かったです。昔の喧嘩は殴る蹴るではなく、要するに力でねじ伏せる、押さえつけるとか、そんな喧嘩です」

この太い腕と厚い胸板で捩じ伏せられると思うと、確かに怖い。格闘家ではなくパイロットを目指した理由を尋ねた。

「叔父が帝国陸軍の軍人で、爆撃機による特攻隊の『富嶽隊』に入りまして、レイテ沖で戦死したんです」

「富嶽隊」は、1944年10月24日、浜松教導飛行師団において四式重爆撃機「飛龍」9機で編成された帝国陸軍最初の特攻隊だ。同年11月7日、フィリピンのラモン湾東方洋上で特攻し、戦死した搭乗員の中に山本達夫中尉（第56期士官候補生）の名前がある。

「叔父です。戦果は挙げられなかったようですが、独身で死にましたから、子供の頃から爺さまに『お前は飛行機乗りの達夫おじさんの跡を継いでくれな』と言われていました。だから、なんとなく飛行機乗りになりたかったというのはありました。最終的には、高校3年生の時に親父が亡くなって、人の援助を受けながら大学に行くのも嫌だったので防衛大学校を受験しようと資料を集めていたら『航空学生』というのを知って受験したんです。22期、西垣（善治）と一緒です」

最初にどこに配属されたのだろうか。

山本忠夫氏。この鋭い眼光の奥に「すべてを見た」記憶がある。そして、静かに「それ」を語り始めた。

「浜松の教育飛行隊を卒業して、最初に行ったのは、海自に間借りしていた八戸の第3飛行隊です。ここでF－86に乗りました。その次が千歳の第201飛行隊で、F－104でした」

F－86とF－104のいちばんの違いはなんだろう。

「とにかくF－104は直線的です。コックピットに乗ると自分の翼は見えないんです。電信柱の前にいるみたい。その頃は、F－104に乗る怖さはなかったですね」

F－104からヒート（赤外線）ミサイルが装備された。

「あの当時のミサイルはガンと同じで、敵機の後ろに入らないと撃てない。ガンのレンジが延びたかなという感覚でした。ガンは1000フィート（300メートル）くらいまで近づかないと落とせないけど、ミサイルは1～1・5マイル（1850～2800メートル）でも落とせる。ウエポンの有効レンジが大きくなった面ではすごいなと思いました。F－104の次はF－4ファントムです。千歳にF－4を運用し始めた第302飛行隊が来て、そのまま横滑りで異動しました」

F－104からF－4に転換した時、どんな感じがしたのだろう。

「感覚的に言えば、スポーツカーからダンプカーに乗ったような感じですね。ファントムはとにかくやれることのスケールがすべて大きい。それに前方ミサイル（レーダーミサイル）も装備されていますから、敵機に対して前から撃てる。F－104に比べてファントムのレーダーは大きくなっていて、2～3倍くらいの能力を持っていました。だから、一人ではやり切れないということで複座になった。

レーダーを操作してウエポンを担当する、そんな特別要員を後席に乗せようという画期的な戦闘機でした」

単座から複座になったことは、戦闘機乗りとして、やはり画期的だったのだ。

「第302飛行隊には9年間いました。それで光吉達幸隊長が『山忠、いつまで302におる気だ？どっかに出なさい！』と言われて、教導隊に拾ってもらいました。教導隊に誘われたというより、第302飛行隊から出されたんですよ」

1984年3月、山本さんは教導隊に配属となった。

教導隊で徹底的に鍛えられた

山本さんが教導隊に配属された当時の雰囲気を尋ねた。

「第302飛行隊で教導隊の教導を受けていましたし、みな錚々たるメンバーばかりです。尊敬する人も、大好きな先輩も、なかにはちょっと苦手かなと思う方もおられましたが。ここで自分が使い物になるか心配でしたね」

T‐2 AGRのエース、酒井一秀教官の指導で教導隊員になる訓練が始まった。

「びっくりしましたね。こんなことまでやるのかと。私の知っているなかで、酒井さんはいちばんすごいパイロットだと思います。でも言っていることが『何、それ？』と思うくらいわからないんです。たとえば、相手機とすれ違うと、酒井さんから『次の会合点はあのあたりで、どのようなかたちになるかはわかるな？』と言われる。『えっ、それ何ですか？』と聞き返すと、『だから、パッとすれ違った時に相手機と次にどういうかたちですれ違うか、お前はイメージできるか？』と言うんです。まさに『それ何？』でしたね」

筆者の脳裏に人差し指がピンと伸びたままコックピットで操縦桿を操る酒井さんの怖い姿が浮かんだ。

空戦における未来地図の中で、相手機の次の位置を瞬時に予測し、その後方に占位《せんい》するために自分はどう動けばいいのか算出する能力だ。

「それを、要するに頭の中で組み立てて、意図的に作為するわけですが、当時の自分にはそのあたりの感覚はまったくなかったですね」

意図的に作為するとは何だろう。

「立体感です。三次元の世界で自分と味方のもう1機が呼吸を合せて、敵の位置を予測し、頭の中で空戦を組み立てるんです。それが教導隊の訓練なんです。最初は幼稚園児と大学生くらいの違いを感じていました」

F‐4のベテランパイロットの山忠さんにそう言わせるほど教導隊のレベルは高い。

「私の視力は1・0で、パイロットになれるギリギリですが、教導隊員は2・0くらいありますよ。酒井さんも、冨永さんも本当にどんな目をしているのだろうと思いました」

宮崎県の新田原基地でF‐15の教育飛行隊を取材した時、第23飛行隊教官の立元祐吉3佐（当時）が

当時も眼光鋭い山本忠夫氏は、第302飛行隊のシンボルであるオジロワシのデザインを考案した人物である（撮影：三井一郎／文林堂「航空ファン」）

「F‐15の両翼はテニスコート一面分ありますから、50キロ先でF‐15が翼を翻すのが見えるんです」と言っていた。でも、山本さんにはそれが見えない……。

「相手機とマージ（交錯）してからは、私の目でもしっかり見えます。せいぜい4〜5マイル（7〜10キロメートル）の世界ですから。それで『今どこのブロ

ックのどこにいる』と教えてもらって、頭の中でイメージします。そうやって空中での頭の組み立て方や作為がだんだんわかるようになります」

山本さんが教導隊隊員の入り口に立ったのだ。

「酒井さんと一緒に飛んで、チームとしての役割が少しずつできて、自分でも満足できるようになると、空戦が本当に面白いんですよ」

強面の酒井さんが人を褒めることはあるのだろうか。

「ひと言『今日はよかったよ』と。でもほとんど褒めてくれません。基地に帰ってから、徹底的にすべての分析をやるんです。『改善すべきところはここだな、ここが悪かったぞ』と指摘されます。完璧というのはないんですが、いちおうミスがなくなって、ようやく一人前になってきたかなという感じです。

普段の訓練は教導隊員どうしでやるわけですが、教導に行った先の戦闘機パイロットとやると、もう赤子の手をひねるように簡単にやっつけられるんですよ。私がF‐4の部隊にいた頃と、教導隊に行って3年くらい経った頃の実力を比べると、もう雲泥の差です。戦闘機乗りとして成長できたと実感しましたね」

教導隊の赤い星が象徴するソ連空軍パイロットのマインドみたいなものも生まれるのだろうか。

「そんなことはありませんよ。空戦のプロというプライドみたいなものはありますが、俺はロシア兵だというマインドにはならないです。ソ連軍の戦い方を研究して、こういう飛行機を持っていたら、彼らはどういう運用の仕方をするのかということは常に考えていました。T‐2時代のソ連戦闘機はミグ21で、彼らがどういうタクティクスをやっているかは研究していました」

教導隊流「空戦術の極意」

山本さんのタックネームを聞くのを忘れていた。

「酒が好きだから、バッカスです。昔はめちゃくちゃ飲みましたよ。日本酒なら軽く一升瓶を一本、さすがにウイスキーはひと瓶は飲みませんでしたが、居酒屋で飲みながら話しながらでしたね」

そこでは空戦の話になるのだろうか。

「飲む時は、仕事の話はしなかったですね。みんな釣りが好きだから、釣りの話や趣味の話をしていました。酒井さんと一緒によく釣りに行きました。釣り竿はいっぱい持っていましたが、酒井さんの釣り竿はビックリするくらいの高級品で、酒井さんの一本で僕のは10本買えるほどです」

酒井さんから空戦と釣りで鍛えられた山本さんが、こんどは教導隊で指導する立場になった。まずF‐104の空戦術から話を聞くことにした。

「F‐104は一撃で相手をやっつけます。そのワンチャンスを逃したら、いったん離脱して再度攻撃するという戦法でした」

拙著『鷲の翼 F-15戦闘機』の取材で、さまざまな機種で空中戦を研究した高木博氏から聞いていたF-104の空戦方法と同じだ。凄まじい速度で突っ込んできて一撃したらそのままどこかに飛び去り、再びとんでもないところから突っ込んでくる。

「そうやってビューンとやられると指導のしようがないわけです。そこで『旋回戦闘をやってみなさい』『F-104だって旋回戦闘で勝てるチャンスがあるから組み立てなさい』と指導していました」

普段やらないことを教導するのだ。

「ファントムなんかは、旋回性能がいいし、馬力もあるから、何も言わんでも向こうからかかってくるわけで、教導のしがいがある」

T-2教導機は、F-4に対しては劣勢機になる。

「総合的な性能でいえば、F-4のほうがはるかに優勢です」

教導する相手がF-15になると、さらに上の性能になっている。

教導の現場で、F-15相手にT-2教導隊は真正面から空対空ミサイルを撃たれて連戦連敗。そこで、米国でF-15の操縦を学んだ森垣さんが教導隊に呼ばれて、F-15との戦い方を編み出した。山本さんの時代はどうなっていたのだろう。

「F-15が装備しているヒートミサイルで真正面からT-2を攻撃できます。だから、T-2のIR

（赤外線）源をなくして、前方から撃たれることだけを避けました」

どうやってIR源をなくすかの説明はなかったが、想像するにエンジンをアイドリング状態で飛ぶのだろう。そうすれば、ヒートミサイルは真正面から撃てなくなる……。

「格闘戦においてF‐15は非常に旋回性能がいいので、撃墜のチャンスの作り方が非常に難しいです。ちょっとでもこちらがミスすると、一瞬でF‐15はフリーになる」

鷲がドクロに襲いかかる。

「はい。F‐15を振りほどくのがすごく難しくなり、こちらが落されてしまうことが増えてきました。格闘戦で、T‐2教導機の小さいサイズは有利になるんです。F‐15はでかいですからね。大きな戦闘機どうしでやっていると、その大きさに焦点が合ってしまって、小さいのが見えない。そこを教導隊機は利用します」

作為的な空戦の始まりだ。

「F‐15が格下のT‐2の位置を完全に確認しないでゴリ押ししてくると隙が生まれます。我々T‐2は死角をつくように飛びます。F‐15が見ていない、もう1機のT‐2がF‐15を仕留めるんです」

T‐2教導機がその小ささを利用して大型のF‐15を落とす。映画『トップガン』で、大型機F‐14トムキャットに乗るマーヴェリックが、教官の乗る小型機A‐4スカイホーク2機にやられるのと似ている。

「教導隊が得意とする作為的にチャンスを作るんです。Ｔ‐２は２機編隊で意図的に攻撃を仕掛けます」

意図的と作為的についてもう少し話を聞いた。

「意図的も作為的もほぼ同じです。空戦で、こういう場面を作ろう、そのためにはどうやるか、この場面だったら、いくつかのやり方のうちこれが使えるのでそれを作為していこうということです」

まさに教導隊の撃墜の極意だ。Ｆ‐４を相手にする時も２機で料理するのだろうか。

「そうです。常に連携で落とすんです。４対４の多数機戦闘でも、相手の１機を教導隊の２機で挟撃します。多数機戦闘の中で、瞬間的に１対２を作ります。旋回戦に持ち込んだら絶対に２対１になるところまでもって行って落します。その繰り返しで２機で４機を落すことも可能です」

２機のＴ‐２で、４機のＦ‐15を撃墜する！　まさに神業である。

「だから、常に２機が連携して１機を選別する。その時、もし自分に不利な状況があれば、それを消します。自分が不利な状態のままで戦うことはありません。不利になったら、２機で解消して、ニュートラルな状態になったら、最適な敵を選んで意図的に挟撃して落すということです」

教導隊のマークはドクロだが、その狩りのやり方は群狼だ。

「それで、教導隊には計８年いました」

1985年当時の教導隊のパイロットたち。仲間には撮影日に出張中で不在の岩松達生１尉もいる（撮影：三井一郎／文林堂「航空ファン」）

その間、転属する機会もあったが、ある事情があって長い期間、教導隊にとどまることとなった。

失われた翼

1986年9月2日、教導隊創設以来、初めての大事故が発生した。訓練に向かう離陸直後にエンジン系統のトラブルが発生し、パイロットは人家に落ちないように機体を誘導。その結果、緊急脱出が遅れ、飛行隊長・正木正彦1等空佐が殉職された。

「その時、私は別の編隊で空戦訓練をしていましたが、事故はその直後に発生しました。事故発生の様子は見ていませんが、僕らが基地に戻ってきた時、煙が上がっていて、その煙を見ながら着陸しました。前月の8月に教導隊長になられたばかりの正木隊長が亡くなられました」

エンジン推力の減少とされていますが……。

「離陸の時、アフターバーナーを切った直後から左エンジンにトラブルが発生し、最終的に左エンジンをカットしました。シングルエンジンで降りようとしましたが、離陸直後で燃料が満タンで重たいんです。それで着陸のアプローチに入る時に低速域に入ってしまい、出力不足になって落ちてしまったんです。エンジントラブルが発生したため、シングルエンジンで着陸しようとしたが、ヘビーウエイト状態で推力不足となり、墜落したということです。素晴らしい隊長でしたから、余計、残念でたまりません」

戦闘機パイロットは常に死と隣り合わせで飛ぶ、凄まじい職業なのだ。

そして、二件目の事故が、1987年5月8日に発生した。167号機が主翼破壊による墜落事故を起こし、緒方和敏2等空佐と沖直樹2等空佐が殉職された。

「事故発生時は主翼破壊という結論は出ていませんでした。この時、自分と、もう1機のT‐2の2機で訓練していました。訓練内容は相手の見えないところに入って行く、死角に入る訓練でした。私の死角に入る訓練ですから、僚機はまったく見えない。もし見えたら失敗ですから、見えないように入って来る過程で何かが起きたんです」

次の瞬間、山本さんは、後方の死角にいた僚機の異変を目撃することになる。

「私の真上をほとんどぶつかるような位置を通り過ぎたんです。その時、機体の後部から火が出ていました。私は瞬間的に『(エンジンを)止めろ! 止めろ!』。その後『ベイルアウト!』と叫んだのですが、結局、ベイルアウトしませんでした……」

エンジンの排気口から火が噴いていた?

「左側のエンジンです。左横からも炎が見えましたね。それでT‐2が左方向に横滑りしていったんです。機体の左側からも火が出ていたのがはっきり見えました」

右側のエンジンはまだ稼働している?

筆者の思考が、東海大学工学部航空宇宙学科航空専攻時代に戻った。当時、飛行機はどう飛ぶかと同時に、どのようにして墜落するかについても学んだ。

「飛行機が落ちていくのを見るのは初めてなので、しっかりと見ました。本当に鉛筆が落ちていくように、火をパーッと噴きながら、左回転しながら落ちていきました。両翼ともなかったと思うんです。鉛筆が回転するように飛行機が飛ぶなんてありえないでしょう」

鉛筆のように見えたということは、揚力を発生する翼がないからだ。左エンジンの排気口から火が噴いていたならば、右エンジンは生きていて推力を維持していたと推定できる。両翼が吹っ飛んで、一本の棒になったT-2に右エンジンが左方向への回転力を最後に与え、左回転しながら墜落した……。

「翼がなかったことに関して確証はないですが、あとから考えると、その可能性は大きいと思います。私の見えないところで何かが起きて、翼が両方ともパーンと飛んでしまった」

両翼を失い、胴体と尾翼だけになったT-2。翼は揚力を生むと同時に抗力を発生させる。つまり飛行機の速度を調整するが、翼をなくしてブレーキがなくなった胴体だけのT-2は急加速し、先行する山本さんの機体の真上を通り過ぎたのかもしれない。

「私は最後まで『ベイルアウト!』と叫び続けたのですが、結局、そのままでした。

火災は後部胴体で発生していました。教導隊のヘルメットは真っ黒なんですが、キャノピー越しに見えた2つの黒いヘルメットが今も鮮明に記憶に残っています。火災が発生した時、おそらく2人は意識がなかったんじゃないでしょうか」

壮絶な目撃体験だ。

「飛行機に何が起きたのか詳しいことはわかりませんが、事故調査でも、あの時、両翼がなくなったということはまったく想像できなかったです」

第三の事故

三回目のT‐2機事故は、1989年3月22日に発生し、135号機が墜落し、川﨑俊広2等空佐と正木辰雄3等空佐が殉職された。

「あの事故は、2対2での訓練中に発生しました。墜落した機体と自分は味方どうしでした。T‐2がチャーリーターン（敵と交錯した直後に味方どうしが互いに交差するように旋回）して、お互いにこっちに相手機が出て来たなと思った時、1番機の135号機がもんどりを打ったんです。絶対にあり得ない動きです」

その瞬間を山本さんは2番機の後席から目撃した。

「そんな飛び方ができるわけがないという動きをして、それからクルクル回転しながら落ちていったんです」

山本さんは、前回の事故の経験から、墜落する135号機を必死に目に焼き付けた。

「明らかに落ちていく1番機の片翼がありませんでした。片翼が残っているので、機体をひねりながら、変な動きをしながら落ちていきました」

なくなったのは右翼だ。左翼だけを残し、T‐2は変な回転をしながら落ちていく……。

「2番機前席で操縦する山田昌司1尉（タックネームは『寅《とら》』）に、『片翼がない！』と叫んで知らせました。でも前席の山田は初めて大事故に遭遇したため、見る余裕がない」

筆者は、火が見えたかどうか尋ねた。

「火は出ていませんでした。落ちていく際に、後席がベイルアウトしました。何とか助かるかと期待する半面、直感的に死んでいると思いました。でも、もう一人残っている。『ベイルアウト！』と叫んでいたら、海上に落ちる直前にベイルアウトしました」

前席のパイロットは意識があったのだろうか。

「意識はないと思いました。パイロットが操作してベイルアウトしたんじゃないと思ったんです。飛行機の急激な動きか何かでシークエンスが働いて飛び出た……」

緊急脱出したが、すでに亡くなっていた……。

「首の骨が折れていました。最初に右翼がバーンと破断した時にとんでもない動きが起きた。パイロットは、縦方向の動きに耐えられますが、横方向の動きにはものすごく弱いんです。おそらく右翼が吹き飛んだ時に、横に振られて、首の骨を折っているんです。即死に近いと思います。少しでも意識が残っていたとは考えられない……」

筆者は頭の中で墜落を時系列に整理して尋ねた。

山本さんが「ベイルアウト!」と言った時に応答がないのは、すでにパイロットの意識がなかったとみるべきなのか?

「そうですね。どういう破壊が起きたのかわかりませんが、結果的には、2回目と3回目の事故の原因は、両機とも主翼が飛んだからです。3回目には関しては間違いなく片翼が飛んでいました。では、なぜ主翼が飛ぶんだ?ということです」

通常は胴体と翼をつなぐ部分を設計する際に、どのくらの力がかかるかを予測して、「安全係数」を計算し、それ以上の負荷に耐えられる安全性を確保するが、設計段階でそれが足りていなかったのだろうか?

操縦訓練用のT-2練習機を、戦闘訓練を教導する飛行隊で使用することは、設計時に考えられていなかったのだろうか。

元教導隊司令の神内裕明氏によれば、F-15DJには機体各部にどのくらいのGがかかったかを計測する装置が付いているという。ブルーインパルスが使用するT-4にも同様のGセンサーが各部に装着されている。

だが、教導隊のT‐2にはそれは付いていない……。

「事故原因の究明のためにT‐2の各部にGセンサーを取り付け、教導隊の飛び方で飛んでくれと言われて飛びました。するとすぐに『ストップ』がかかりました。機体のどの部分に予想外のGがかかっているかは教えてもらえませんでした……」

筆者は言葉が出なかった。データはあるはずだ。どこに過重なGがかかって、主翼が破断したのかわかるはずだ。

原因究明のために山本さんが試験飛行する当日の朝、奥さんから「なぜあなたが飛ばなければいけないの？」と言われたという。

山本さんはそれには答えず、黙って家を出た。

仲間が墜落死した。その原因を、残った者が飛んで解明しなければならない。

試験飛行の結果、T‐2は飛行禁止となり、教導隊はその活動を休止した。

T‐2からF‐15教導隊へ

1990年4月、教導隊員は全国の飛行隊に臨時勤務し、現地飛行隊のF‐15に乗って教導訓練を再開した。同年12月には3年前倒しで教導隊の使用機材がT‐2（5機）からF‐15（5機）に変更された。

F‐15DJに生まれ変わった新たな教導隊には、山本さんともう一人の古参メンバーが残り、F‐15のベテランパイロットたちに教導訓練のテクニックを教え始めた。

「乗る飛行機が変わっても、編隊が連携して戦うことに変わりはありません。防御するには2人が連携して対処し、攻撃なら一つの目標を2人で攻める。基本的な考え方は同じです」

戦技・戦術は不変でも、装備機材の違いはあるのではないだろうか。

「T‐2とF‐15ではパワーと運動エネルギーが違います。つまり作為をより大きく深くでき、仕掛けも素早くできます。勝ち負けではなく、F‐15をどう使うかを考えました。つまり教導隊のF‐15がどんな〝仮説敵〟を演じるかということです。結果、スホーイSu27的なものになりました。そして彼らならどういう戦法を用いるはずだと研究するわけです」

Su27ならどういう戦いを仕掛けてくるのだろう。

「その説明は省略します」

インタビューにおけるオーバーGに入ったらしい。

「言えることは、F‐15になってから、30〜40マイル（55〜74キロメートル）の距離から敵機との空戦が始まるんです。まず互いにミサイルを撃ち始めます。

仮説敵である我々教導隊が、空自飛行隊のF－15に対してどんな脅威を与えることができるかを教えます。『こういうアプローチはダメだよね。だったら、どうするんだ？』という感じで教導します。ただ変わらないのは、戦闘が始まったら、短時間で落とすということです。それまでは敵機の後ろに回り込むことを考えていたけど、F－15では前から狙えるので、そのあたりがより複雑になりました」

機関砲だけで戦うF－86の時代は遠い昔の話……。

「ある意味、F－86までは空戦にロマンを感じる時代だったかもしれませんね。F－15になって、いろいろな仮説敵を演じることができるようになりました。教導訓練に終わりはありません」

教導隊はなくならない

ここで筆者は素朴な疑問を山忠さんにぶつけてみた。そもそも空自に教導隊は必要なのか？

「必要です。トップクラスの戦闘機パイロットが集まって、ある戦技をやると、普通の飛行隊ではできない、二段も三段も上の技術が開発できるんです。その意味で、教導隊は戦技特別チームみたいなものです。

教導隊の代名詞であるアグレッサーとは、敵がどんな攻め方をしてくるかを研究し、その対処法を各飛行隊に実地に教えることです」

教導隊は常に敵を研究し、どう攻めてくるかを日々研究している。手強い相手と訓練することで空自戦闘機部隊はさらに強くなる。

教導隊がＦ‐15ＤＪを導入して、すでに30年以上の月日が流れた。次の候補機はやはりＦ‐35なのだろうか。

「教導隊は格闘戦闘を訓練するので、空中衝突がいちばん怖いんです。だからベテラン２人が乗って、目の数を倍にしています。となると、使用機は原則、複座です。Ｆ‐35には複座機はありません。開発が始まったＦ‐２の後継となる次期戦闘機に複座を作るのかどうか知りません。Ｆ‐15ＤＪの後継機が何になるか、私には見当がつきません」

山本さんはそう言うと、両腕を組んで黙った。教導訓練の終わりの雰囲気が取材の場に漂っている。自分の言える範囲についてはキチンと語り、それを超える部分については口を閉ざす。歴代の教導隊長が、山本さんをそばに置きたい気持ちがよくわかる。教導隊の２番機にいちばん相応しいのは山本さんだと筆者は思った。

第10章 F-15教導隊の基礎を作った男――西垣義治

『教導隊秘伝の書』

T-2からF-15DJに機種変更する教導隊を強化するため、一人の男が呼ばれた。山本忠夫さんの同期の西垣義治《にしがきよしはる》さんである。

大阪府茨木市にあるご自宅を訪ねると、西垣さんは飛行服姿で我々を出迎えてくれた。緑色の飛行服の右胸には教導隊のパッチが縫い付けられている。白い髑髏の額に赤い星、漆黒の双眼が筆者を睨んでいた。左肩にはかつての教導隊の肩章、黄色のベースカラーに赤い目のコブラが不吉な舌を出していた。

西垣さんは、拙著『鷲の翼 F‐15戦闘機』で鷲神様の一人として登場していただき、すでに何度もお目にかかっている。西垣さんは1947年、兵庫県丹波市生まれ。航空学生22期。F‐104のパイロットとして、第204飛行隊、第202飛行隊などで勤務。教導隊のF‐15導入後は第304飛行隊で隊長を務める。飛行時間5402時間。元1等空佐。

F-104で戦う「空中戦の手引き」を作り、それを基に新生教導隊のために門外不出の「秘伝の書」を作った西垣義治氏。壁には令和元年に叙勲された瑞宝小綬章の勲章。

まず、どこで教導隊（AGR）にスカウトされたかを尋ねた。

「私は、AGRに行く予定はなかった。空幕の人事担当が突然やって来て、『AGRに行って事故が続いていたT‐2をF‐15DJに替えてくれ』と言われた。次に補任課長からも『すぐに行ってくれんか』と言われ、即、人事発令された。着任後、この件などについては、酒井（一秀）さんとずいぶん話をしましたが、本来は教導隊に行く予定はなかったんです」

教導隊にスカウトされたのではなく、理由があって呼ばれたのは、森垣さんに続いて2人目だ。西垣さんがＡＧＲに行った時、教導隊はＴ‐２という翼をもがれた瀕死の状態だった。

「Ｔ‐２の事故後、教導隊は第２０２飛行隊のＦ‐15で訓練をしていました。でも飛行隊は、ＡＧＲ訓練のためだけにＦ‐15を貸してくれないから、飛行隊の訓練に付き合って飛ぶだけでした。１年くらいそんな状況が続きました」

実は、それ以前から西垣さんと教導隊には複雑な関係があった。

「普通のパイロットは教導隊になかなか物を言えません。でも、私は『ＡＧＲのレベルは高いとは言えない。教導隊はこうあるべきだ』と意見していました。昔、Ｆ‐１０４、Ｆ‐４、Ｆ‐１、Ｆ‐15があった頃、航空自衛隊の戦闘機は３６０機あったんですよ。日本は90個編隊で戦うということです。そのすべてを使った戦い方を研究し、その訓練方法を考えました。つまり、最初の４機編隊が出撃して、やられそうになったら、当然、次の４機編隊がそこに行く。そうしないと先遣された編隊が生き残れない。90個編隊をこう使って日本の空を守るんだと考えているわけです。でも、ＡＧＲがやっているのはその一部に過ぎない。全体の戦い方の中で、こうするというのがないと指摘していました」

１９８７年11月、西垣さんは航空幕僚監部運用課を離任し教導隊に請われて、Ｔ‐２からＦ‐15Ｄ

西垣氏は T-2 から F-15 に機種更新するために教導隊に来た。写真は 1990 年 12 月 17 日の編成完結の記念写真（写真：航空自衛隊）

Jに機種更新するためにやってきた。そして、1990年12月17日、教導隊はF - 15DJへの機種更新が完了し、教導が再開された。

「編成完結です。機種更新が終わったので教導隊から転勤させてもらおうとしたら、司令から『教導のルーティンが戻るまでやってくれ』と言われました」

教導隊は、まだ西垣さんを必要としていた。

「それでF - 15教導に関するマニュアルを作ることにした」

西垣さんは、F - 104飛行隊時代、空戦秘伝の書を書いている。

「そうです」

西垣さんは冊子を取り出した。

「これを書いたんです。F - 104の戦い方を示した『空中戦の手引き』です。空中戦のデータ、たとえば太陽の位置との関係とか、各訓練における空中戦の機動図を自分一人では無理なので、各パイロットたちに描いてもらい、それらをまとめたものです。これによってF-104の空中戦の定義ができました。ある日、隊長が『ちょっと見せろ』と言われて見せたら、『こんないいものをまとめたのか、じゃあ、これを印刷して部隊全員に配ってくれ』となり、200部くらい作りました」

今度は、その教導隊版を西垣さんが作ったのだ。まさに『教導隊秘伝の書』である。

「これを見ればすべてわかるというものを作りました」

我々のような「教導隊部外者」は見ることができるのだろうか。

「部外者は誰も見られません」

取材の同行してくださった山田真史元空将にいつ見ることができるかを尋ねた。

「AGRに行きたい、AGRになるための訓練を受けますという段階では、見せてもらえません。教導の資格をとりますという段階になって初めて見ることができます。そこには『教導の狙い』『教導でなんのためにこれをやるのか?』『教導のすべてのパターンとその狙い』が事細かく書かれていて、たいへんわかりやすいものです。家に持ち帰って読むことはできません。教導隊のオペレーションルームでしか見られません」

筆者の脳内に、大きな赤い星が描かれた教導隊のオペレーションルームのドアの記憶がよみがえった。その扉の奥に門外不出の『教導隊秘伝の書』がある。

新生当時のF-15教導隊の識別塗装。欺瞞効果のある二色迷彩、機体を小さく見せる縁取りや直線によるミグ23塗装の効果がモノクロ写真からもよくわかる。（写真提供：西垣氏）

それを見たければ、空自戦闘機パイロットになり、さらに教導隊パイロットになるしかない。西垣さんは嬉しそうな表情を浮かべると、こう言った。

「見たらわかるようになっていて、図版は同期の山本忠夫3佐と後輩の内藤壽美3佐に手伝ってもらいました」

こうして、身体で覚えるしかなかった教導隊のテクニックは、読んで見てわかるものとなった。

西垣さんの教導隊の「見てわかるシリーズ」はまだ終らない。

飛行教導隊のファンは、そのカラフルな塗装の機体に魅かれる。通称「識別塗装」である。

カラフルな塗装は教導隊の機体が上空で発見しやすくするためだ。

065号機と西垣氏。82-8065の識別塗装は黒色とグレーの迷彩。ソビエト空軍のスホーイ27に似せていた（写真提供：西垣氏）

そう言うと、西垣さんの表情が曇った。

「今の教導隊はカラフルな塗装をしているけれど、それは違うぞと思っています」

教導隊に物申す、西垣さんの真骨頂だ。教導隊の特集冊子を見せながら、「これがいちばん最初の塗装。このパターンはソ連空軍のＳｕ‐27、こちらはミグ23。空で敵機のように見えて、どのくらいの大きさかわかるための塗装です」

本書の冒頭で、百里基地に飛来したインド空軍のＳｕ‐30とＦ‐２飛行隊とともに飛行教導隊も一緒に訓練した。それを取材した「週プレＮＥＷＳ」の記事の中で山田元空将は次のようにコメントしている。

「日本は国策として、仮想敵国は想定していません。教導隊はいろいろな敵機役をやりますが、Ｓｕ‐30は未知であり、知らないことはいちばんの脅威です。そのわからない敵機と同じ機種であるインド空軍のＳｕ‐30と訓練をすれば、戦い方のオプション、引き出しが増えます」

ということは、現在の教導隊の「識別塗装」は、本来の識別塗装になっていない。

「今の教導隊の塗装は、チンドン屋みたいになっている。目的が違うと言いたい。『識別塗装』の本来の目的を思い出して欲しい。今なら、中国軍のＪ15、Ｊ16、Ｊ20に似せた塗装パターンにすべきでないのか」

西垣さん発案の機動解析「ＤＢＳＳ」

教導隊の改革を目指す西垣さんに「限界」という言葉はなかった。予算１００億円のビッグプロジェクトを成し遂げたという。そのプロジェクト名は「ＡＫ９」。ガンマニアの筆者にはＡＫ47小銃の新型銃にしか聞こえない。

「ＤＢＳＳとも言います。デブリーフィング・サポートシステムです」

デブリーフィングとは、空戦訓練を終えて、地上に戻ってから行なわれる反省会議だ。

そこで教導を受けたパイロットたちは空戦を再現するために「機動図」を描く。

教導隊パイロットは、飛行隊パイロットが描いた機動図の間違いをデブリーフィングで次々と指摘していく。

「その時、声のでかいやつが勝つんですよ。『そうじゃない。線の長さが違う、短い』となるわけです。そこで地上で空戦を再現する方法がないかといろいろ試し、立体模型を作ってみたりしましたが、うまくいかなかった。で、教導隊に行った時は、チャンスだと思いました。教導隊は予算が通りますから。計算したら、全部で100億円かかる。予算請求したら、通ったんです」

こうして、西垣さん発案のDBSSが実現した。具体的にどのようなシステムかは説明してもらえなかったが、教導隊と飛行隊の空戦訓練の機動図をセンサーが読み取りコンピュータが自動で作図するらしい。

後日、DBSSを教導訓練で使ったという揖斐元飛行班長に話を聞いた。

「大きい図面でかなり正確でした。でも新田原基地でしか使えなかったので、巡回教導には使えませんでしたね。フライトが終わってビデオを観て、あーだ、こーだと言い合って、焼きソバがからまったような機動図を描いて、それとDBSSが描いた機動図と比べながら確認するのに使っていました」

最後の答え合わせに使っていたのだ。西小路さんも、このDBSSを使ったという。

「使い勝手は悪かったですね。でも、終盤は結構、使えた気もします。最初は位置がずれていたりで、あんまり信用がおけなかったです。まず自分たちで機動図を描いて、その後、DBSSが描いた機動図と比較していましたね。我々の描く機動図がいちばん正確ですから。だから、その確認をするためには使っていました。いまは使ってないですよね？」

西小路さんは山田隊長に聞いた。

「今はACMI（Air Combat Maneuver Indicator）にシフトしています」

西垣グリップ

教導隊の使用機をT-2からF-15に変更し、『教導隊秘伝の書』を完成させ、塗装を識別用に変え、さらに機動図を正確に描く100億円の機材を揃えた。もうほかには西垣マジックはないと思っていたら、まだあるという。

「後席用のグリップを作ったんです。すごいGがかかるので、どこかに掴まりたいけど、それがない。T-2には握るための輪っかがありましたが、T-2事故の時それでは十分でないことが判明しました。それで、F-15用のグリップを作ろうとなりました。さらにグリップを握ると無線が通じるスイッチも付けました」

再び、予算が必要となった。

「試作品は20万円で作れますが、品質管理と維持を考えると無理となり、F-15×5機で2000万円かかる。空幕にかけあったら予算をつけてくれた」

　100億円の後なら安いものである。

　2023年1月、百里基地に取材に行った際に、教導隊機のキャノピーの左右に付いているという「西垣グリップ」を必死に探した。それがこの写真である。

F-15DJ の後席に乗った筆者は「西垣グリップ」を探した。なんと開いたキャノピーの縁（円内）に「しっかり」と付いていた。

　F-15DJを擁する教導隊機の基礎は、西垣さんが作ったと言っても過言ではない。新鋭機F-15を相手に苦戦していたT-2教導隊を、天才パイロットといわれるが実は努力家の森垣さんが立て直し、使用機材をT-2からF-15DJに更新するために西垣さんが教導隊に呼ばれた。2人の鷲神様が教導隊に果たした役割はあまりにも大きい。

第11章　それでも怖い教導隊——竹中博史

「上から目線」の教導隊は嫌いだった

新しく生まれ変わった教導隊に次々と腕利きのイーグルドライバーたちが送り込まれ、F‐15DJを使っての教導が再開された。

その当時、西垣さんらとともに教導隊の再建に尽力された教導隊隊員を訪ねた。指定されたご自宅に伺うと、身長160センチほどの穏やかな表情の男性が出迎えてくれた。元教導隊パイロットの竹中博史《ひろし》氏（68歳）である。

その温和な佇まいからは厳しい教導隊にいたとは想像できないが、その太い首が9Gを超える過酷なコックピットで戦ったことを物語っている。総飛行時間6500時間、そのうちF‐15の搭乗は2

500時間に及ぶ。空自でF-15の飛行時間2000時間を最初に超えたのが竹中さんだった。

「高3の夏休み、陸自の函館の地連（地方連絡部）の人が家に訪ねて来て、航空学生のことを知りました。当時、パイロットは憧れの職業で、給料をもらいながら、パイロットになれるのは、いいなと思いました」

航空学生を受験した竹中さんは、当時、競争率約20倍の狭き門に合格。29期生として98人が入学し、91人が卒業したという。

「当時は航学に入ったら、戦闘機パイロットを目指すのが本流でした」

希望通り戦闘機パイロットになった竹中さんは、F-86を運用する第6飛行隊に配属された。

「F-86は複座がないので、FC（戦闘機操縦課程）で単独飛行する前にタクシーチェックがあるんです。これはF-86に乗り込んで、エンジンを始動。今では考えられませんが、教官が航空機のステップに足をかけ、コックピットにしがみついた状態で管制塔とコンタクトしながらランウェイまで行って最終チェックをしたら飛ばずに帰ってくる。さらに、T-33による着陸のチェックアウトに合格すると、いよいよ一人で飛ぶことができます。怖さとかはなかったですね」

その後、竹中さんはF-104に機種転換する。

「F-104は鉛筆みたいな飛行機で機動性はほとんどありません。要撃戦闘機ですから、一直線に飛んで敵機を落したら、真っ直ぐ帰ってくる。だからF-15に乗った時、まったく世界が違いました。

こんなことができるのかという驚きしかなかった。Ｆ-１０４は旋回半径が２マイル（３・７キロ）、Ｆ-１５は３０００フィート（約９００メートル）で回れます」

話が音速で進んでしまい、タックネームを聞くのを忘れていた。

「竹中なので『バンブー』。だいたいタックネームは飲み会で決まりますが、当時は自分で命名できました。バンブーは単純で、上空でも発音しやすい。でも、千歳勤務時代、お達しがあって、タックネームを変えました」

当時の仮想敵国ソ連に名前をマークされるから？

「そうです。皆、変えました。それで、当時流行っていた映画『ダーティハリー』から命名して『ハリー』に変えました」

カッコいい！

「教導隊に行って、またバン

F-104 から F-15 に転換し、空自で最初にイーグル 2000 飛行時間を超えた竹中博史氏。

ブーに戻しました」

竹中ハリー改め、竹中バンブーとなって教導隊に来た。

「実は、あまり教導隊が好きじゃなかったんです」

えっ、竹中さんの顔をまじまじと見る。誰もが教導隊に憧れているとばかり思っていたからだ。

「T‐2時代の教導隊の先輩たちはみなすごい人たちばかりでプライドが高いんですよ。飛行隊の隊員に対して、〝たかびー〟でものを言うんです」

〝たかびー〟とは現代語訳すれば「上から目線」である。

「教える側なのはわかるんですが、部隊である程度、経験積んでいる我々からすれば、『そこまで言わなくてもいいんじゃないか』となるんです。まあ、それでもT‐2教導隊の酒井さんとは教導訓練後、近所のスナックで夜中の三時まで飲んだりしたんですけど……」

恐ろしく怖かった酒井さんと夜中の三時まで一緒に飲むなんて、じつは仲がいいのだと、筆者は思った。

「『教導隊は質問してもなかなか答えてくれないんだよ』という不満を酒井さんに言ってましたね」

あの酒井さんに直談判できるとは、竹中さんも相当な人物だ。

そんな嫌いだった教導隊に、なぜ行くことになったのだろう。

「千歳の第201飛行隊の飛行班長の岩井義則さんが教導隊に行きました。第203飛行隊からも後輩が一人行ったから、俺はないなと思っていました。そうしたら、8月の転勤の時に、第7代教導隊長となった岩井さんから、『お前、呼ぶからな』と言われました。教導隊に行きたいと手を挙げて入れるようなところじゃありませんし、教導隊勤務が終わったら輸送機に転換しようかという軽い気持ちで行きました」

当時の教導隊の雰囲気を尋ねた。

「T‐2の要員で来ても、航空事故でT‐2は飛べませんし、T‐2からF‐15に機種転換するパイロットもいます。山忠（山本）さんもその一人です。また、F‐15の飛行隊から新しく来た人もいてごちゃごちゃでしたね。でも新しいF‐15の教導隊を作るということで結構、みんなで団結していました。自分が行った1990年8月時点、すでに部隊は動き出している状況でした。T‐2事故でシュンとしているような雰囲気はなかったですね」

T‐2事故を乗り越え、再び教導隊は空へ羽ばたき始めた。

まず竹中さん自身が教導隊のテクニックを学ばなければならない。

「教導隊の基本は、2対2の形なんですが、その連携をどうとるかというのを実際にF‐15に乗ってやるんです。空中で『こうやるんだ』と教わり、地上に下りてきて『あそこはちょっとこうだった』と分析し、自分で理解し覚えるしかない。まあ、わからない奴にいくら教えてもしょうがないんで、このやり方で覚えたら、次はこうしよう、こうすればもっとできるようになる、みたいな感じです」

できない奴は最初から教導隊には来られない。すごい戦闘機乗りだけが集うのが教導隊だ。

でも、教導を教わる時、竹中さんが嫌いな〝たかびー〟の物言いで嫌な思いはしなかったのだろうか。

「教導隊に行くと、仲間意識が強くなりますから、ちゃんと教えないといけない、こちらはちゃんと覚えないといけないとなって、ボロクソに言われるようなことはなかったですね。『あそこはこうだよ』と指摘される感じで、切磋琢磨して互いに上手くなるという雰囲気です」

山忠さんは、酒井さんに教導術を教わり、短期間で強くなったと言っていた。

「強くなったというより、テクニックは向上します。特に多数機戦闘でのエリアの把握力はやればやるほど身につきます。あそこに誰がいて、いま何マイル離れてどういう状況になっているかというのが自然にわかってきます。地上でレーダーを見ている専属のGCIOがいますが、彼らより先にわかるというレベルまで行きましたね」


「わざと負けたら、教導にならないですよ」


いよいよ各飛行隊に対するF - 15DJによる新たな教導が始まった。

「T - 2の時代と考え方はほぼ同じです。ただ、場面を現示するのに……」

ゲンジ……初めて聞く言葉に、筆者は取材に同行していただいた山田元空将を見やった。

「現示とは、教導を受ける飛行隊に対してＡＧＲが脅威を示すことです。敵機役を演じるＡＧＲが、仮想敵国機の機種や武装、たとえば空対空ミサイルの種類を伝え、模擬することです」

竹中さんは、山田元空将に一度頷くと、話を続けた。

「その現示をするのに、Ｔ‐２の性能上、無理をしないとその状況を作り出せない。そこがいちばんの問題だったんです」

使用機材がＦ‐15ＤＪになれば、飛行隊のＦ‐15と性能は同等で、しかも複座のＤＪには選り抜きのベテランが２人乗り、目は４つになる。

「だから、Ｆ‐15で教導をする僕らは、部隊に対しての言葉遣いに気を使いました。僕がＴ‐２教導隊を嫌いになった理由の一つが高圧的な口調でした。だから、部隊の人たちから『教導隊はやっぱりすごいな、さすがだ。だから、ちゃんと話を聞こう』と思ってもらえるよう気をつけました。それから『サングラスは威圧感を与えるから止めよう』となって、一時期しなかったですが、それでも『怖い』と言われました」

サングラスの有無よりも、教導隊隊員たちが発する殺気が原因なのではないだろうか。

教導隊の使用機材がＦ‐15ＤＪに変わり、隊員の態度と言葉遣いもやさしくなった。

「Ｔ‐２とＦ‐15では性能がまったく違うので、現示する場面も工夫しなければなりません。飛行教導隊がＦ‐15ＤＪで目いっぱいやったら、部隊の教導にならないじゃないですか。そこで教導する時、

教導隊で連絡任務などの支援のため使用したT-33A（81-5385）のラストフライト記念写真。竹中氏は前列左から３人目（写真提供：竹中氏）

どこにポイントを置いて教えようかなど、皆でいろいろ考えました。教導隊は場を現示するだけなので、部隊のパイロットに考えてもらう教導にしようとなりました」

強すぎる教導隊F-15DJがわざと部隊のF-15に負けるということもある……。

一瞬、竹中さんの目に殺気が宿った。

「わざと負けることはしません。部隊のためにならないじゃないですか。僕らが敵機の機動を現示して、その結果、部隊のF-15が教導隊F-15DJの後ろに入って撃墜ということは部隊パイロットがよくやったということになります。わざと負けたら、教導にならないですよ。

教導隊は多数機を現示します。教導隊が6機で、部隊が4機、当然、部隊は数的に劣勢じゃないですか。それは日本がそういう立場ですから、それを現示して、数的に劣勢な部隊でどう戦うかを学ばせます。その空戦をうまく現実のようなパターンを考えて現示します。計10機が入り乱れますから、安全を確保しながら教導します。訓練中、あえて部隊にチャンスを与えるような動きを現示して、それを逃さずやってきたら、あとで『良かったね』となります。部隊は危ない場面では逃げ、やる時はやる、そういう状況判断ができるように現示します」

まさに実戦を想定した訓練だ。

「だから、部隊のF‐15は予想外の行動をします。こちらは臨機応変に対応しないと教導はできません。危険になりそうだと判断したら離れます」

部隊のパイロットは「あっ、教導隊の奴ら逃げやがったな」と思う……。

「そう思うかもしれませんね。こういう状況だったので、いったん離脱したよとていねいに説明します」

予想外の行動までして、やられまいとする部隊のF‐15を教導隊はどう仕留めるのだろうか。

「教導隊6機と部隊の4機のF‐15が訓練空域に入ります。まず教導隊2機と部隊F‐15の2機がマージ（交錯）します。残りの教導隊2機が少し遠回りしながら、2対2の空戦に入っている教導隊2機を支援して、部隊のF‐15が『ヤバい』と思う状況を現示します」

まさに真剣勝負。

「マスリーダー（6機編隊長）である私は、飛びながら空戦エリアの状況を常に頭の中で描いていました。『あそこで、いまマージした』『もう2機の教導機はこっちにいる』『私はここにいる』『安全を確保しながら、次の場面をどのように現示するか？』と考えながら、次の指示を教導隊に出します。F-15対F-15の場合、ものすごく狭いエリアで格闘戦をやるので事故が起きないよう、細心の注意を払います」

竹中さんには飛行隊で体験した教訓があるという。

「千歳にいた時、三沢の米空軍F-16とDACT（異機種間戦闘訓練）をやるんです。初めて対峙した時、F-16の後ろに入れたんで、得意になってF-16を追いかけたんです。ところが、突然、F-16が止まっているように見えたんです。ブレイクしたんですね。ぶつかった！と思いました。でも、ぶつかりませんでした。F-16の機動性はすごいんです。逆にこちらに向かって来るんです」

F-15がF-16の間合いに入った瞬間、急旋回してノーズ・トゥ・ノーズ（向かい合う）の状況になる……。

「それがF-16の機動性です。こっちはミサイルもガンも撃てない。そしてF-16は下方に離脱しました。初めてF-16を相手に空戦訓練して、あんなに動くんだと驚きました。それからはF-16にあまり近づかず、ある程度の距離を保って戦いました。教導隊でもその教訓は活きています」

教導隊で、それは安全管理に利用できる。

「はい。F-15DJの教導隊の前後席は常に周りを見ながら戦います。それがF-15DJの教導隊です」

前述したように、F‐15は900メートルで旋回できるので空戦域はとても狭くなる。そこを仕切る教導隊パイロットたちは一瞬で作戦を考え、機動する。

「操縦技量は訓練を重ねると身についてきます。作戦のパターンはいろいろ経験しないと考えられませんね。当時、千歳はソ連空軍機と対峙していたので、多数機戦闘とかを想定して訓練していたんです。それが教導隊に私が引っ張られた理由だと思います。

でも……飛んだから上手になるかというと、そうでもない人がいます。やはり、そのあたりは個人差がありますね。そのあたりは自分でどう考えるかじゃないでしょうか」

狭いエリア内での空戦ならば、西垣さんが提案した「識別塗装」は役に立つのではないだろうか。

「さまざまな場面を解説する際、『茶色、まだら、ブルー』という塗装でわかりやすくなりましたね。『あそこの場面で茶色の飛行機がいたでしょ?』とか識別塗装は有効でした。現在の塗装もいいと思いますよ」

F‐15DJの後席に取り付けられた〝西垣グリップ〟について聞いてみた。

「あれ、そうなの? 確かにDJにありましたね」

竹中さんは後席の記憶をたどりながら、両手を西垣グリップのある位置に置いた。使ったかどうかを尋ねた。すると山田元空将が即答する。

「普段のミッションでは握っているだけです。無線のボタンを押すことはあまりしませんから」

竹中さんも頷き、ひと言。

「あまり後ろでボイスを出すことはないですからね」

竹中さんが感じた教導の限界

竹中さんが教導隊に来た翌年の1991年1月、第一次湾岸戦争が勃発し、この戦いでF-117ステルス戦闘機が一躍有名になった。また、当時はベトナム戦争が終わってから15年ほどで、米軍には実戦経験者も多く残っていた。

「私たちは実戦経験がないじゃないですか。米軍は実戦を知っているんです。日本のAGRは実戦を知らない状況で教えなければいけない。訓練だから『雲には入ってはいけない』『最低高度を切ってはいけない』など、いろいろな制限の中で動くわけです。でも実戦では、そんな制限を超えるケースが多いと思うんです。だから、実戦を知らない教導隊が部隊に教えるのは非常に難しいわけです。でも教えなければならない。そこで教導隊は一生懸命、実戦を研究しなければいけないと思っていました」

教導隊には一般の飛行隊とは別の悩みが多くあるという。

「教導している時に、部隊のパイロットから『実戦経験のない奴がそんなことを言ったって……』と言われたら、返す言葉がないじゃないですか。だから、ブリーフィングの時に、『実戦の場合は多少違

「実戦経験のない空自」それをどう教導するか。当時の記憶を紐解きながら、機動を説明する"BAMBOO"。「もっと聞いていたい」筆者は教導を受けたパイロットの気持ちになった。

うかもしれないけど』と言ったことが何度もあります。また『実戦では雲に入って逃げる場合もあるだろうが、訓練ではやらない。でも、常にそういうことも考えておく必要があるね』と教えていました。

実戦は生死に直接関わるだけに理屈通りにならないことがあると思います。そういう時、どのように対処したらいいのか、どんな精神状態で戦わないといけないのか、そういった部分はやはり僕らでは教えられないんです」

竹中さんが感じた教導隊の限界である。

「初めは嫌いな教導隊だったんですけど、実際に入って部隊の若いパイロットにいろんな戦技を教えることが楽しくなりましたね。逆に部隊のパイロットに教えられたこともありました。いま思うと、教導隊に来てよかったと思います。5年間の教導隊時代が、自分がいちばん頑張って、やりがいのあった時じゃないかな」

山田元空将が笑顔を浮かべながら言う。

「バンブーは、私が教導隊の資格をとる時の師匠です」

山田元空将の操縦の腕を竹中さんに尋ねた。

「選ばれて来た人ですから、腕は間違いありません」

腕のいい山田元空将も『教導隊に来て壁にぶつかった』と言っていた。

山田元空将が申し訳なさそうに答える。

「やっていることが理解できなくて、初めの頃、行き詰っていたんです。途中でバンブーが教官になって、教え方が上手なんですよ。それで、こういうことだったんだとわかってきたんです。戦競（戦技競技会）で、バンブーと一緒に対F-1（F-1を爆撃機に見立てた阻止空戦）をやりました。終わった時、バンブーから『ゴクウもようやくOR（オペレーションレディ=教導隊においては教導を教えてよい資格）になったな』と言われました。竹中さんは理論的に教えてくれるんで、頭で理解できればあとは早いんです」

「戦競の時にそんなことを言いましたか。私はすっかり忘れてました」

師匠は弟子にかけた言葉を忘れても、弟子は師匠の言葉を決して忘れない。

第3部　空自を支える飛行教導群

第12章　飛行教導群に期待すること――内倉浩昭空幕長

「諦めた時が負ける時だ」

防衛省航空幕僚長の執務室の隣にある応接室に広報室の平川通3佐の案内で入室する。平川3佐は、元第301飛行隊のファントムライダーで、その後、ブルーインパルス1番機（飛行班長）を務め、現在は広報室勤務である。

航空幕僚長への取材は、杉山良行《すぎやまよしゆき》第34代空幕長、丸茂吉成《まるもよしなり》第35代空幕長に続いて、今回が三回目となる。いずれも拙著「翼シリーズ」の取材である。

応接室の壁には連合艦隊司令長官山本五十六元帥の生涯最後とされる書が飾られていた。「清修保真」。清く修め真を保つ……。この書は山本五十六元帥が、トラック島に停泊していた戦艦大和の中で揮毫したという。その書に見惚れていると、内倉浩昭《うちくらひろあき》第37代空幕長が部屋に入って来られた。

内倉空将は、防大卒業後、戦闘機パイロット養成コースに進み、千歳基地の第201飛行隊にF-15のパイロットとして配属された。第306飛行隊長、航空幕僚監部防衛部長、航空総隊司令官などの要職を歴任。総飛行時間約3000時間のイーグルドライバーである。タックネームは「ウッチー」。

内倉空幕長の肩章には星が四つ輝いている。初対面ではないので、「どうですか、星四つ付けた気持ちは?」と思わず聞いてしまった。

「星三個と全然違います。初めて小峯さんと千歳で会った頃は、2尉になったばかりで、ようやく2尉の階級の仕事ができるようになったと思ったら、今度は1尉になり、そのたびに至らぬ自分を感じながら背伸びする、その繰り返しですかね。当然ながら階級が上がるたびに責任は大きくなっていきます」

筆者の脳裏に30年前、第201飛行隊に着任した当日の内倉2尉の姿が蘇った。

その日、第201飛行隊に取材で来ていた筆者は、夜の飲み会にも参加し、そこで内倉2尉と親しくなり、それ以来の付き合いである。

書籍の場合、空幕長のインタビュー記事は、巻頭かあるいは本の締めくくりに登場していただくのが通例である。

しかし、内倉空幕長に本企画の取材を申し込んだところ、「山田(真史)元空将が登場されるなら、

第 37 代航空幕僚長 内倉浩昭空将。第 201 飛行隊、第 306 飛行隊と F-15 部隊を飛び渡り、空自トップになった“ウッチー”が教導群について語る。

自分はその後に出るなら引き受けますよ」とのお返事だった。

星四個の空将からの直々の希望である。山田元空将はここまで何度も登場されている。内倉空幕長との約束を守るため、ここでの登場になった次第である。

飛行教導隊OBの方々の取材も終わり、飛行教導群（AGR）を取材するため小松基地に向かうことを内倉空幕長に報告して、インタビューが始まった。

まず、第3代飛行教導隊司令の増田直之さんと面識があるかを尋ねた。

「増田さんにお目にかかったのは一度だけで、サッカーを一緒にしました。福岡でアフターファイブにやるサッカーで、当時79歳の増田元司令に挨拶しました」

増田司令の時代、サッカーは戦闘機パイロットの必須科目のように聞いていた。いまも空自ではアフターファイブはサッカーが盛んなのだ。

「増田さんだけ赤いストッキングを履かれていて、それは、増田さんのボールを奪ってはいけないという特別ルールでした」

1981年の飛行教導隊編成完結の翌年から全国の戦闘機部隊に対する巡回教導が始まったが、この訓練方法は日本の領空を守る専守防衛に最も相応しいやり方ではないだろうか。

「その通りです。教導隊のいる場所で教導を受けるやり方だけでは、それぞれの地域特性を考慮することはできません。巡回教導であれば、基地から戦う場所まで飛んでいって戻ってこなければいけない。すると、自機の戻りの燃料と時間を見極めたうえで、戦う時間を決める訓練ができるんです。

米空軍に『Take off is optional. But landing is mandatory.』（離陸するかしないかは自分で決められる。しかし、いったん上がったら必ず着陸しなければならない）という格言があります。つまり、戦闘であろうが、訓練であろうが、戦っている以上、仮に相手を撃墜しても、母基地に帰る燃料がなければ負けと一緒です。相手のミサイルで落とされるのと、燃料切れで落ちるのは同じです。こういったことは絶対にあってはいけないことで、訓練生の時から必ず燃料をチェックしながら戦うというのを教えられています。教導隊との訓練は最もハイエンドの訓練ですが、それでも『もうちょっといたら勝てるかもしれない。だが待てよ。燃料が……もう戻らなければいけない』と、見切らないといけない。それで、右に行くと見せかけて、左にバーンと機動して最高速度で母基地に逃げ帰る……そういうことです」

「教導訓練はこのように巡回してやるのと、小松基地に呼ぶ場合の二通りに分かれています。小松基地の空域はとても広いので、比較的若い編隊長、ウイングマンを集めて、基本的な訓練と総合的な訓練をやっています」

ＡＧＲが巡回教導することで自分たちの母基地から出撃し帰還する訓練を行ない、小松基地に集めて広大な戦闘空域を使って、より複雑で大規模な空戦を学ばせる。まさに完璧な教導だ。

内倉空幕長が受けた教導訓練について尋ねた。

「最初の教導訓練は２機リーダーになってすぐで、ポンコツ編隊長だったので一瞬で負けました。そして、たくさんの指導を頂きました」

煙草をアフターバーナーのようにふかしながら指導される……恐ろしい雰囲気だったに違いない。

「いや、その時は非常に品が良く、態度も言葉遣いも素晴らしい人たちでした。ちょっときつい言葉もありましたけど……」

その時の飛行隊長は誰だったか尋ねた。

「隊長は神内（裕明）さんでした。顔は怖いですが、紳士的な態度でした。怖いジェントルマンの集まりは凄腕のジェントルマンの集まりになっていましたよ。戦技競技会でも飛行教導隊は対抗役をやりますが、ボコボコにやられました。

その後も教導を受けて、初めて上手くできたのは、恥ずかしながら、第306飛行隊長をやっている時でした。それまで飛行教導隊とやる時は、どこか肩に力が入った飛び方をしていたと思うんです。でも隊長の時は、もう捨てるものはないというか、ありのままでやったら、普段通りに飛べたんです。目の前に起こったことに対して冷静に判断して自分ができるベストの操作をするという基本中の基本ができました」

内倉隊長にとって気づきの瞬間でしたね。

「教導隊との訓練の途中で、『あっ、負けたな』と思うと機動がゆるむんです。そして下りてきて『内倉、お前あそこで諦めただろう』と教導隊から怒られました。機動が止まったのを見ているんですよ。それで『できることは最後までやり、諦めた時が負ける時だ。そして諦めた時が死ぬ時だ』と強く言われました。教導隊から教えられたことを一つだけ挙げろと聞かれたら、この言葉を言います」

教導隊最古参のメンバーである酒井さんや森垣さんは、相手機の飛び方、方向舵のわずかな動きで諦めたのがわかると言っていた。森垣さんはそれを隙と見て一気にT‐2でF‐15に襲いかかり、血祭りに上げたという。

「その通りです。森垣さんはF‐15の転換課程での第202飛行隊の隊長でした。ダイス（西小路）

が教官になったばかりでした。

もう一つ重要なことを教導隊から教わっています。『空戦では、目の前で起こっていることと同じシチュエーションは二度と起こらない。だから型にはまらないことが大切だ』ということです。目の前で起こっていることに対して、冷静に状況判断して、自分の持っているスキルの中でどれを使うか判断して操作する。それが基本です。教導訓練でカッコよくやろうとか、上手くやろうとかいう邪念が働くと、普段できることもできなくなってしまうということですね」

内倉空幕長の話を聞いて、教導隊は戦闘機パイロットの真っ芯を鍛える部隊だということがあらためてよくわかった。

畏敬される存在になって欲しい

今後のAGRに何を期待するか尋ねてみた。

「その質問に答える前に、2022年末に『安全保障関連三文書』が発表されました。『国家安全保障戦略』『国家防衛戦略』『防衛力整備計画』の三つです。その中の『防衛力整備計画』は、5年間の防衛費の総額や主要装備の数量を定めたもので、おおむね10年後までに自衛隊がどんな防衛力の造成

戦闘機パイロットの本質を知る"ウッチー"は、防衛記者の前にした会見とはまた違う、戦闘機乗りとしての目で熱く飛行教導群を語ってくれた。

を図って行くかを示したものです。

2023年はその元年で、我々は新しい時代の航空自衛隊を模索し、そこに向かって突き進んでいます。

飛行教導群も新たな時代に対応できるアグレッサー部隊であって欲しいですね。そして、アグレッサーは常に最強の〝仮設敵〟であり、そのために常に知識・技量をアップデートして欲しいと思います。

我々航空自衛隊にはいろいろな新しい装備品が入ってきていますが、周辺国にも第5世代機と呼ばれるステルス機をはじめ、新しい飛行機やミサイルがどんどん配備されています。飛行教導群には、相手国の能力をわかる範囲でしっかり勉強してアップデートして欲しい。さらに、その新しい飛行機とミサイルを使って、相手国はどのような思想で戦いを挑んで来るのか、どういう戦いを組み立ててくるのかを学習したうえで、それを航空総隊の各部隊にデモンストレーションして、その対処能力を付与してもらうよう期待しています」

ＡＧＲが空自の各戦闘飛行隊に、アップデートした状況を〝現示〟するということですね。

「その〝現示〟をわかりやすく説明するのに、サッカーと野球、どちらで行きますか？」

筆者の脳裏にサッカー好きの第３代飛行教導隊司令の増田さんの姿が浮かんだ。内倉空幕長にサッカーでお願いしますと即答。

「相手はアルゼンチンとします。そこには名フォーワードのメッシ選手がいます。彼をサポートする選手が三人いて、彼らを常にマークして、その強みを封じれば、総合的に弱い日本チームでも勝てるかもしれません。そうしたシミュレーションをするのが〝現示〟です。

実際の戦いも同じで、相手の能力、規模、質においてどうなのかを見積もったうえで、我々が負けないためにはどうすればいいかを組み立てます。そのために、我々は知識をアップデートして、技術を磨くわけです。

飛行教導群に求めるのは、周辺国の最新の戦技・戦法を学んだうえで、できる限り忠実にそれを再現して欲しい。それが〝現示〟であり、デモンストレーションです」

空幕長の言葉を聞いて、ＡＧＲに求められている使命がどれほど重要かよくわかった。ＡＧＲはそれを40年以上も続けてきたのである。

「大先輩の増田司令や山田空将を前に、教導隊出身者ではない私が言うのは、大変僭越ですが、教導隊には謙虚であって欲しいと思っています。凄腕の人たちばかりが集まる教導隊は、みながリスペクトすると同時に畏怖する存在です。だからこそ、より謙虚であって欲しいのです。

空自の戦闘機パイロットの誰もが教導隊のようにありたいと思う反面、訓練を受けると不遜なところもあって、強いけど、あのようにはなりたくないと思われては困るわけです。怖いけれども、尊敬される存在、畏敬の念を持たれる存在になって欲しいですね」

現在のＡＧＲが内倉空幕長の言われる「畏敬される存在」になっているかどうか確かめることが筆者の重要な使命となった。

「航空自衛隊小松基地には仮設敵役をする〝アグレッサー〟と空自のスキルやタクティクスを磨く〝ウェポンスクール〟があります。アグレッサーとウェポンスクールが互いにしのぎを削って相乗効果で高みを目指して欲しいですね」

飛行教導群が所在する小松基地には、Ｆ－15を装備する第6航空団の第３０３飛行隊と第３０６飛行隊が所在し、第３０６飛行隊は「戦術課程」、別名「ウェポンスクール」を担任している。

両者がしのぎを削る空戦訓練の内容は外部の人間が知ることはできない。知りたければ、空自パイロットになり、アグレッサーかウェポンスクールを目指すしかない。

「空自のパイロットになって、『私は敵役をやって自分を鍛えたい』というパイロットはアグレッサーを目指し、『いや、自分は空自を鍛え、航空自衛隊のスキルそのものを磨いていきたい』というパイロットはウェポンスクールを目指して欲しいですね」

この二つの飛行隊によって空自の戦闘機パイロットたちが鍛え上げられていく。

「米国留学した時、『The more sweat in peace time, the less we bleed in war time.（平時に汗を流せば流すほど、有事に流す血を減らせる）』と教わりましたが、まさに金言です」

空自隊員全員の平時の訓練、勤務で流す汗が次につながる。その全責任を負っているのが内倉空幕長だ。

その空幕長の熱い思いを伝えるため、筆者は小松基地に向かった。

第13章　ウェポンスクール教官――第306飛行隊

空自の未来戦力を鍛え上げる――高橋功嗣1尉

「AGRのオーラはすごかった」

2023年夏、猛暑のなか取材班は石川県・小松基地の第306飛行隊を訪ねた。案内された会議室で待機していると、パイロットというよりプロ野球の外野手と見間違えるような男が入ってきた。首が太く、顔は日に焼けて浅黒い。何よりイケメンである。

フライトスーツの右胸には、第306飛行隊のマーク「ゴールデンイーグル（犬鷲）」のパッチ、右腕には栄光のウェポンスクールのパッチが輝いている。

ウェポンスクール教官の高橋功嗣《たかはしこうじ》1尉である。

広島出身で、航空学生62期、35歳。飛行時間2000時間。

父親が飛行機好きで、岩国基地で開催される「米海兵隊フレンドシップデイ」に連れて行かれたのがきっかけで戦闘機に興味を持ったという。

高橋1尉の双子の弟から航空学生のことを教わり、調べたところ三次試験で実際にT-7練習機に乗れるというのを知って受験。本人は気楽な気持ちで試験に臨んだところ合格し、現在に至る。

タックネームは広島出身なので「カープ」。第一印象が野球選手だったのも間違いではなかった。まさに名は体を表している。

恒例の新人歓迎会で高橋1尉のタックネームを決めるはずが、なかなか決まらず、本人の希望で「カープ」に決まったという。

2019年に拙著『鷲の翼F-15戦闘機』の取材で第306飛行隊を取材したことがある。しかし、その時の取材ではウェポンスクール(戦術課程)の詳しいことは聞けなかった。今回は「敵役をやって自分を鍛えたいパイロットはアグレッサーを、スキルを磨きたいパイロットはウェポンスクールを目指して欲しい」という内倉空幕長の熱い思いを伝えるため二つの飛行隊が所在する小松基地にやってきた。

まずＡＧＲとの訓練について、高橋１尉に話を聞いた。

「数えきれないほどやっています。最初は10年前に第３０３飛行隊にいた時、ウイングマンとして教導を受けました。ＡＧＲの方々は全員、禁煙でしたよ」

第306飛行隊の高橋功嗣１尉。航空自衛隊のもう一つのエリート集団であるウェポンスクールの教官。アグレッサー部隊との勝負を繰り広げてきた。

筆者は、質問事項を記したチェックリストに沿ってインタビューを進めた。「俺らは実戦で来ているから、お前ら負けたら死ぬことになるから、車のキーは置いて行けよ」とか、訓練前のブリーフィングで言われたことはあったのだろうか？

「ないですね。でも、訓練後のデブリーフィングで、後方の壁にズラリと教導隊員が並んで、その威圧感というか、オーラはすごかったですよ」

サングラスをかけている怖い方は……。

「ほとんどかけていませんでしたね」

教導訓練が始まりAGRが離陸する時の地獄の底から発せられるような「チェックインボイス」は聞こえましたか？

「そんな恐ろしい声は聞いたことがないですよ。ワン、ツー、スリーと普通に言ってます。地上勤務員として無線をモニターすることもありますが、みな極めて健康的な声です」

敵空軍の怖さを演出するような雰囲気はないのだろうか……。

「そのような雰囲気は、いまはもう感じません」

あの教導相手を骸骨にしてしまう地獄の使者AGRはどこに行ってしまったのか……。

元教導隊パイロットの竹中さんが提唱された改革がすっかり根づいているらしい。

「でも、自分が初めて教導訓練にウイングマンとして参加したあとのブリーフィングでは編隊長の横でガチガチになって固まっていたことはよく覚えています。機動の確認を受けて、『そういった認識はあります……』と答えましたね。こちらからAGRに質問するのは、最初はできなかったです。なんというか、下手な質問をすると自分から墓穴を掘ることになりそうだったので……」

筆者は高橋教官の勘の鋭さに感心した。AGRの隊員はそういう人たちだ。質問したとたん、彼らが作った罠に誘い込まれ、徹底的に論破されてしまう。

高橋1尉はAGRに行きたいと思ったことはないのだろうか？

「ないですね。ウイングマンとして教導訓練を受けた時のAGRの方々のオーラがすごかったんです。自分はこの人たちのようにはなれないと思いました」

それで、ウェポンスクールの教官を目指した？

「いいえ、この第306飛行隊に配属されてからです。ウェポンスクールに入ることになって、自分はここの戦術課程の教官になろうと意識するようになりました」

前述したように、2019年の取材では、ウェポンスクールとAGRの共同訓練についても詳しいことは話してもらえなかった。そこで質問を変えて、ウェポンスクールの学生なら、戦闘飛行隊が受けるAGRの教導訓練を受ける必要はないのではないかと聞いてみた。すると、この質問が功を奏し、ウェポンスクールとAGRの関係がわかり始めた。

「あっ、だからウェポンスクールの対抗役を教導隊にやっていただいています」

ウェポンスクールは、空自戦闘機の装備する最新兵器を使ってどう敵機を撃墜するかを教えている。その教育の仕上げに敵機役として、同じ基地にいるAGRが出動してくるのだ。

最新の戦闘テクニックを学んだウェポンスクールの学生が上空に上がると、その空域に〝仮設敵〟を現示するAGRがやってくる。そこで空自の空戦テクニック、新しいミサイルを使って戦う。

「デブリーフィングの時、AGRからも何人かが参加します。我々ウェポンスクールの教官はブルー側（空自）で、学生と一緒に飛びます。AGRがレッド側（敵）になり、対象国の戦闘機を〝模擬〟します」

AGRの用語でいえば〝現示〟である。

「そうです。その現示の内容は、ウェポンスクールの学生の技量、つまり練成対象者の技量に応じた強度を考えて、AGRの編隊長が責任を持って現示します。ウェポンスクールの学生それぞれの見たいポイント、ここでどう切り抜けるか、ここはどう対処するかという状況を作って現示します」

AGRが対象国戦闘機を現示しながら、空域に見えない関門を作り、そこをウェポンスクールの学生がクリアするかしないか、あるいは関門の存在すらも気づかず通過するのか、AGRとウェポンスクールの教官が見て、学生の技量を確かめる。

「その通りです。レッド国のAGRの現示は実戦に即したものです」

まさに実戦そのもので、空自の未来の戦力を鍛え上げているのだ。

「ブルー側、つまりウェポンスクールの教官と学生は、極論を言えば、自分が殺られずに、レッドのAGRをやっつけられるなら何をしてもいいんです。敵をやっつけて、自分たちは生きて帰った、こ

ブルーのF-15対レッドのF-15。G空域で繰り広げられる、同じ機種同士の戦い。わが日本を守るための空戦技術で、現代のサムライたちが真剣勝負する。

れ以上の正解はありません。

　レッドが現示する機会を捉えてAGRを撃墜する。それができれば、デブリーフィングで褒められはしないまでも、それ以上のことは言われません」

　まさに真剣勝負だ。

「AGRは、任務が達成できないような現示はしてこないはずです。そうでないと答えが出ないですから。必ず、ここをこうしていれば任務が達成できる、ここでこれに気がつけば任務を達成できるという、正解が設けられているはずです。絶対にこんなの無理だということはAGRはしません」

　教え導くのがAGRの原則であり、ここでもそれが貫かれている。

「飛ぶ前の、計画の段階でも、いろいろあります。飛んだ結果だけではなく、プランニングの段階で、たとえば4機であったり、8機で飛んだ場合の作戦を立案します。それで、『こういうことを考えてプランニングしました』とウェポンスクールの編隊長がブリーフィングで発表します。そのプランニングに関しても、柔軟性、腹案、こうなったらどうするかなど、さまざまな事態に対応できるように手厚くしています」

空戦で敵機を落すための過程は一つではない。しかも空の戦況は瞬時で変わる。手の内に複数のカードを持っていれば、空戦で成果を上げて帰還できる。

「そのプランニングには、いろんな隊形があるんです。前後に縦深性を持った隊形や火力を集中させる密集隊形などで、それぞれメリットがあり、デメリットがあります。そのデメリットをいかに克服するか、そこが最大のポイントになります」

その説明を聞いて、戦闘機部隊への教導より、さらに高いレベルの教導が行なわれていると感じた。

1990年代、ウェポンスクールに入校した山田元空将が、AGRと共同訓練したあと、教導隊のパイロットから「お前はしつこい！」と怒られたエピソードを話してくれたが、まさにそうした訓練がいまも行なわれているのだ。

AGRが全国の戦闘飛行隊を巡回教導する以外に、ここ小松基地で、ウェポンスクールとAGRが空自の未来の空戦術を磨いているのだ。

ＡＧＲの好敵手「ウェポンスクール」

高橋教官はブルーの空自を率いて、レッドを現示するＡＧＲと実戦的な訓練を続けている。ブルー対レッドの関係は厳しいものがあるのだろうか。

「厳しいというより、その日の環境に応じた戦闘をするように注意喚起されたりします。たとえば天候が悪い場合、教導隊から『今日は基本的に雲に入らないように訓練を行ないます。訓練空域に入って撃ち合いになると、どうしても外を見ずに雲に意図せず入って〝利する〟こともありますので、そういうことがないように』と注意されます」

その言葉で空戦訓練の間合いが見えてきた。

ＡＧＲ相手の訓練は実戦さながらの緊張感があるのだろう。

「実戦の雰囲気に近いと思います。ＡＧＲに対抗してもらう訓練は、最も実戦に近い環境での戦闘訓練ができます」

ウェポンスクールの学生は巡回教導訓練以上に緊張するに違いない。

「学生はかなり緊張していますね。だから、我々教官は『いつも通り気楽にやろうぜ』とか、冗談を言ったりしています」

筆者にはどうしても聞きたい質問があった。1980年代、F‐15にサイドワインダー9Lが装備され、この赤外線追尾の新型ミサイルは、正面から相手のアフターバーナーの熱線を探知し攻撃できる。当時、T‐2を飛ばしていたAGRは、このミサイルの餌食になり、次々と教導相手のF‐15戦闘飛行隊に撃墜された。

現在も新しい空対空ミサイルが次々に開発されている。それらを搭載したウェポンスクールのブルー編隊であれば、超アウトレンジからアクティブレーダーホーミングのミサイルでAGRを全機撃墜できるのではないだろうか？

「新旧のミサイルに関して、言える範囲で答えますね。事前のミッション・ブリーフィングで『今日はこういうスタイルで、この兵器を搭載して戦闘します』と明確に言います」

正々堂々の空戦勝負になっているのだ。でも、「それでは実戦になってないのでは……」と苦言を呈した。

すると、高橋教官は一言。

「大丈夫です」

筆者は別の質問を投げかけることにした。

HMD（ヘルメット・マウント・ディスプレイ）についてである。

「ウェポンスクール、AGRともにHMDを使っています。あれはものすごく便利です」

何が便利なのだろうか。

「旧型のF‐15には正面にHUD（ヘッド・アップ・ディスプレイ）があるじゃないですか、そこにいろいろな諸元が表示されるんですが、それがHMDに表示されるんです。正面のHUDを見ることなく、どこを向いていても、ヘルメットのバイザーに表示されるんです」

第306飛行隊を案内してくれた中田亮輔1尉が手にするのが新型のヘルメット。バイザー部にHMDと呼ばれる表示装置が備わっていることがわかる。

話を聞くだけでも便利なことは理解できる。

ウェポンスクールに話を戻し、教官になるための試験はどのようなものか尋ねた。

「基本的に試験は、ウェポンスクールの教官が対抗役をやります。試験は戦技と戦術の二つに分かれています。まず戦技試験で、1対1、2対

2などの小規模な戦いです。受験生がブルーとなり、対抗側のレッドはスクールの教官が務めます。その戦技試験で教官は、受験生がレッドで飛べるか、プランニング、デブリーフィングでの機動を解析しながらチェックします。

それに合格すると戦術試験となります。4～8機ほどの多数機による試験です。さらに大規模な試験では、AGRが対抗役を務めます。

その後、教官課程の教育を受けて、ウェポンスクールの教官になります」

これまでAGRが最強のパイロットと思っていたが、そのAGRと対等に渡り合っているのがウェポンスクールの教官たちなのだ。

空飛ぶカラス天狗——緒方翼1尉

ウェポンスクールで能力的に鍛えられた

次の取材相手、緒方翼1尉が部屋に入ってきた。緒方1尉も高橋1尉に勝るとも劣らない体格の持

第306飛行隊ウェポンスクール教官 緒方翼1尉。第304飛行隊の天狗、すなわちカラス天狗から転じてTACネームは“RAVEN”。本来は拠点を飛び渡るワタリガラスを意味するカッコいいTACネームだ。

ち主だ。正面をしっかり見詰める、その姿に隙はない。

埼玉県の出身で35歳。航空学生64期で飛行時間は1000時間。父親も航空自衛官で警戒管制業務を務めていた。高校3年生の時、将来の進路に迷っていると、父親から航空学生のことを教えてもらったという。

まず緒方1尉のタックネームから教えてください。

「タックネームは『レイブン』です。第304飛行隊がまだ築城基地にあった時、そこに配属された最後の新人だったんです。第304飛行隊の愛称は『テング・ウォーリアーズ』で、部隊マークは英彦山《ひこさん》に棲むと伝えられる赤い顔の天狗です。空飛ぶカラス天狗ということでレイブン（カラス）となりました」

かつて第304飛行隊は「空自で最も出来の悪い不良飛行隊」と揶揄されていたが、鷲神様と畏怖される西垣義弘さんが隊長に赴任して以来、徹底的に鍛えられ、戦技競技会で連続優勝するまでになった。2016年より那覇基地の第9航空団隷下となり、日本の最南端の空を守っている。

これまでの緒方1尉とAGRの関係について尋ねた。

「第304飛行隊に配属されて3年ほどたった頃、ウイングマンとしてAGRの教導訓練を受けました」

当時のAGRのイメージはどんな感じだったのだろう。

「結構、怖い人たちがいると言われていましたね。しかし、実際は細かいことまで丁寧に教えてくれる〝お兄ちゃん〟みたいな感じでした」

〝怖い人たち〟という噂は誰から聞いたのだろう。

「先輩方から聞かされていました。『ブリーフィングの時にちゃんと答えられないと怒鳴られるからな』と脅かされましたね」

西垣さんが第304飛行隊にいた頃のAGRとの壮絶な空戦訓練の記憶がまだ残っていたのかもしれない（詳しくは拙著『鷲の翼 F-15戦闘機』をご覧ください）。

初めてAGRの教導訓練を受けた時のようすについて話してもらった。

「資格はCR（ウィングマン）で、4機編隊の4番機として参加しました。編隊長はFL（フライトリーダー）の資格をとってしばらく経っていた先輩で、飛行隊の中でも技量に優れた人でした」

AGRとの訓練フライトが終わり、基地に戻るとデブリーフィングが待っている。編隊長のプレゼンをダメ出しするようなAGRの怖い指導はあったのだろうか。

「その時はそうでもなかったです。『ここで、あなたの認識はどうでしたか?』とか、『ここでは、どう思っていましたか?』と細かく聞かれるような感じでした」

紳士的かつ優しさに溢れた教導だ。その時、どう答えたのか尋ねた。

「『覚えていません』と答えました」

なんだとーとAGRから怒号が飛ぶタイミングだ。

「いいえ、そのまま次に進みました」

えっ、筆者は一瞬のけぞってしまった。AGRのあまりの変貌ぶりに「変わりましたねー」と言うのがやっとだった。それでも後ろの壁にずらりと並ぶAGRメンバーの反応は気にならなかったのだろうか。

「プレッシャーを感じました」

振り返ったりしなかったのだろうか。デッドシックス（真後ろ）は戦闘機パイロットが必ず確認しないとならない場所だ。

「怖くて、自分の前のボードしか見ていませんでした。でもAGRから質問があった時は、ちゃんと後ろを向きましたよ」

そのプレゼンは無事に終わったのであろうか。

「その時のミッションはそんなに大きな失敗もなく、結果的には『グッド・ミッション』と言っていただきました」

AGRも褒めるようになったのだ……。

「しかし、ここでヘンに取りつくろって『こういう状況だと思いました』とか言ったら、『じゃあ、何でこうしたんですか?』と細かく突っ込まれると思ったので、その時は『覚えていません』と言ったほうがよいと判断しました」

やはり、高橋1尉と同様、緒方1尉ものちにウェポンスクール教官になる器である。

AGRの教導訓練を受けた後、戦闘機乗りとして強くなったと実感したのだろうか。

「はい、そう思いますね。最初の教導訓練では私はウイングマンでしたが、のちにリーダーになって受けた時のほうが、参考になることが多かったです。

一度大きな失敗をしたことがあります。私がEL(2機編隊長)で、FL(4機編隊長)はまだ経験不足の先輩でした。私は3番機。敵機が攻めてくるのに対して、適切に戦力を配置できずに侵攻を許してしまい、ミッションは失敗しました」

その時のＡＧＲの評価はかなり厳しいものになったはずだ。

「はい、『ここは、３番機はどういうふうに考えていたんですか？』と聞かれて、『ここは、こうしたほうがいいと思いましたけど、こういう指示があったので、とりあえずそれをできるようにしました』と答えました」

見事に、他人のせいにする言い方だ。

「いや、別の選択肢を自分は考えていましたよという意味です（笑）」

レイブンはＡＧＲとの〝言葉の空戦〟はすでにマスターしている。

第３０４飛行隊にいた頃からウェポンスクールに入りたかったのだろうか。

「入りたかったです。戦闘機部隊で大きいミッションが増えて行くなかで、ウェポンスクールに入って鍛えられたほうが、能力的に伸びるなと思っていました」

ウェポンスクールに入るにはどんな手順が必要なのだろう。

「部隊から推薦で一人ずつ出すという感じです。当時の第３０４飛行隊はＳＪ（旧型Ｆ‐15）を装備していた部隊で、沖縄に移動してからＭＪ（近代化改修機）になりました。

ＭＪが増えて行くなか、私は結構頑張って、機材の使い方などをまとめたりしました。当時、第３０４飛行隊には教導隊出身の方があまりいらっしゃらなくて、戦い方がまとまってなかったんです。

それで『こうしたほうがいいんじゃないか』という話し合いをよくやっていました。そんなことから選出されたと思っています」

ウェポンスクールに来て、さらにMJを使いこなせるようにしたいと思った……。

「いいえ、ウェポンスクールはさらに大きいことをやります。たとえばF-2とどう戦うか、救難機を入れてどう戦うかといったレベルの話です」

有事に戦闘機パイロットが撃墜されて海上に脱出。それを救出する救難機の援護、さらに上空援護の訓練をしているらしい。筆者はそのようすを想像するだけで感動した。

AGRとの勝率は半々?

ウェポンスクール教官になれば、AGRとの付き合いは言葉の空戦ではなく、F-15戦闘機に乗ってガチな対戦ができる。

これまで何回くらいやっているのか尋ねた。

「結構、やっていますね」

そう言うと緒方教官はニヤリとした。回数は言わない。常に逃げ道を用意する巧妙な戦い方をする。

ウェポンスクールの全戦全勝ですか?

隣の部隊には負けられない、真剣勝負の空戦。飛行教導群の存在が“RAVEN”の闘志を燃やし、さらにはウェポンスクールに来る学生が技を磨く。

「全然（笑）」

こんな時は、筆者はものすごく困った顔をする。AGRのOBたちとの取材で学んだテクニックの一つだ。

緒方教官は渋々口を開いた。

「半々くらいですかね。本当に半分半分くらいです」

この好機を逃さず質問を続ける。AGRを撃墜した時はうれしいでしょうね。

「それはうれしいです」

撃墜はガン（機関砲）ですか？

「中距離戦がメインなので、あまり目視できるところにはいかないんです……」

レーダーミサイルでシャットダウン（撃墜）した時の気持ちはどうなのか聞いた。

「もちろん気持ちはいいですが、あの瞬間

は、結構ドキドキするんですよ。撃墜するよりもミッションを成し遂げたほうが気分はいいですね」

地上に降りると、AGRから『レイブン、やられたぜ』みたいなことを言われるのだろうか。

「ないですね。いまの教導隊は『このようにやれば達成できるというミッションを与えているから、それをなんとかして達成して欲しい』と思っていると聞いています。ガミガミ言ってくるような人はあまりいません」

「1対1のガチな空戦訓練をやりたい」

現在、那覇基地に所在する第304飛行隊は、改修されたF‐15MJを配備している。その特徴の一つは、HMD（ヘルメット・マウント・ディスプレイ）である。

前述したように、HUD（ヘッド・アップ・ディスプレイ）は常に正面を見ていないと使えないが、最新のHMDならヘルメットのバイザー内に情報が映し出される。パイロットがどこに向いていようが情報を読み取れるのだ。

「旧型のF‐15SJでは無線のボイスで周りの状況を確認しながら戦っていました。それが戦術データリンク（リンク16）につながるようになって、HMDがあれば計器を見なくてもある程度、敵味方の位置が把握できるようになったんです。基本的にはSJでは2機で戦っていたのを、MJであれば単機で戦えるようになります。大きな変化だと思いますね」

1機で2機分の働きをし、2機編隊は4機編隊の戦力と化しているのだ。

HMDは精密機械だが、そのメンテナンスはパイロット自身が行なうのだろうか。

「中に綿みたいのが入っていてそれを取り出して整備員に乾かしてもらいます。再度使う時に、機材につないで機能が正常に作動するかどうか確かめます」

HMDに映し出される画像はカラーなのだろうか。

「グリーンですね。結構高価なモノなので、ウイングマンの時はまだ支給されませんでした。いまだったら、CRくらいから使えるようになります。一人ひとりの頭に合せていますから、簡単に数を揃えられるものじゃないんです。だから、支給された時はうれしかったですね」

次にAGRの識別塗装について尋ねた。

「外国の対抗部隊はカラフルな色を使っていますし、識別しやすいという点で以前はありましたが、いまは近距離の格闘戦は少なくなっていますから……」

西垣さんが考案した識別塗装も、いまは中距離戦となり、利用価値がなくなってきているのだ。しかし、筆者は、凄まじい相対速度で互いに接近して戦うドッグファイトはなくならないと思っている。

「日本が大規模な戦闘に巻き込まれた時、空域遭遇みたいなのは絶対に起こります。そのために格闘戦の訓練はやっています。実際、戦争が始まったらそういう局面は起こりえるだろうと思っています」

第5世代機のF‐35についても尋ねた。

「何も知らされていないので、ステルス機のF‐35がレーダーに映るかどうか不安なところがあります。中距離戦ではレーダーに映らないとこちらは何もできませんから」

最後の質問、AGRに期待することについて尋ねた。

「1対1のガチな空戦訓練をやりたいですね。AGRが本気でこちらを倒しに来ているという状況でやってみたいです」

ガチなAGRとやりあってどのくらい自分ができるか、その実力を見極めたいのだ。

「AGRは教えるのがメインで、変に難しくすると、教訓が上手く引き出せないのでそれを考えていると思います。でも『ワン・バイ・ワン（1対1）』をやってみたいですね。AGRは難易度を決めてやってくるんですが、そのいちばん難しくて達成できるかできないかのレベルのものを崩してやりたいという思いがあります」

常に上を目指す緒方教官らしい願いだ。

筆者はこれから取材するAGRメンバーに必ず緒方教官の願いを伝えることを約束してインタビューを終えた。

第14章　飛行教導群（AGR）

優しさ溢れる強面の飛行班長――外園光一郎3佐

我々がほぼ全勝する……

飛行教導群「飛行教導隊」。見るからに頑健そのものの巨漢が、インタビュー用に用意された部屋に入ってきた。

飛行教導隊の飛行班長、外園光一郎《ほかぞのこういちろう》3佐だ。愛媛県出身、航空学生53期。最初に配備された飛行隊は沖縄第302飛行隊で、機種はF-4ファントムだった。

外園3佐の毅然とした姿は、ＡＧＲの初期を支えた北海道のヒグマを思わせる山忠さん、そして山田隊長時代に飛行班長を務めた巨漢の揖斐さんを彷彿させる。やはり、ＡＧＲには見た目の怖い巨漢が必要なのかと思ってしまった。

まずタックネームを尋ねた。

「モンゴルです」

そのタックネームに筆者は納得した。

「当時、第302飛行隊は、007とか数字が流行っていました」

58でゴーヤ、68でロッパというタックネームは知っています（詳しくは拙著『永遠の翼　Ｆ‐4ファントム』を参照ください）。

「ロッパは同期です。自分は『銀河鉄道999』が好きだったんで、999とか、メーテル、鉄郎がいいなとリクエストを出したんですが、どれも却下。当時体重が80キロだったんで80をリクエストしたんですが、数字はやめようということになって、当時の上司が『お前、横綱の朝青龍に似てるな』ということでモンゴルになりました」

目の前の大男はどう見てもメーテルには見えない。もしメーテルが採用されていたら、どうなっていたか、勝手に心配した。

教導隊飛行班長 外園光一郎3佐。TACネームは“MONGOL”。朝青龍、モンゴル800、MiG-21UのNATOコード。いろいろ解釈できるミステリアスなTACネームだ。

ウェポンスクールの緒方教官の「AGRとワン・バイ・ワンをやりたい」という要望を真っ先に外園3佐に伝えた。

「もしも、そういうリクエストがあって、お互いにニーズがあるなら、こちらとしても、やるのはやぶさかではありません」

AGRはウェポンスクールと戦って勝てますか？　わざと神経を逆撫でするような質問をぶつけてみた。

「勝てる勝てないは、実際にどんな状況でやるかによりますね。我々は敵を〝現示〟しながらも、演練する側として評価しないといけないので、あえて『ここでやれよ』という撃墜できるチャンスを作ります」

たとえ勝ち負けの勝負がかかっていても、AGRとしての教導を優先する。

「そうです。その状況でチャンスを活かせないようなファイターだったら、我々が防勢（劣勢な状況をAGRはこう呼ぶ）であっても、それをひっくり返すということをAGRはやっています」

AGRは劣勢状態からあっと言う間に優勢に逆転できる技術を無限に持っている。

「AGRが防勢の状況だったとしても、ウェポンスクールのファイターが何か狙っているなと思った時は、ディフィートします。要は射撃を無効にするような機動をします。そのため燃料がなくなるまで勝負がつかないという状況はあるかもしれませんね」

ということは、AGRがウェポンスクールに勝つということなのか……。凄まじくレベルの高い説明に頭がクラクラしてきた。

「我々がほぼ全勝するとはあまり大きな声では言いませんが、機動性など、対抗側である我々が評価をするわけですから、それだけ、ミリミリした目線（細かなことも見逃さない厳しい視線）をもっています。ということは、演練をしていて、どこかで戦闘が長引くと、演練側のほうが必ずミスするでしょうね」

つまりウェポンスクール教官側にAGRを落すチャンスがある。

あえてそれを認めるモンゴル飛行班長はただ者ではない。

一度、小松の航空祭で、この対決をやってみてはどうだろう。はるか彼方の飛行空域で行なわれている対決が実況中継される。そして、勝ったほうがビクトリーロールをしながら、観客の前を航過する……。

「面白いと思いますね」

外園3佐は不敵な笑みを浮かべた。

戦闘機パイロット最高の逆転人生

なぜパイロットになろうと思ったのか尋ねた。

「小学校1年生の時、父の故郷である種子島に引っ越しました。鹿児島市内の高校に入学し、寮生活をしました。大学進学は推薦がもらえるということで、面接試験の練習のために航空学生を受けたんです。そうしたら三次試験で、実際にプロペラ機に乗れるんです。それで『空ってすごいな』という単純な思いから将来パイロットになるのもかっこいいということで、そのまま航空学生になりました。我ながらよくここまで生き残ったと思いますね」

それが、いまや空自最強の教導飛行隊の飛行班長ですよ。

「でも、教官の方々から『お前は絶対に戦闘機パイロットになれない』と言われました。最初、『F

-15を希望』と出したら、『お前みたいなバカがF-15に乗れるわけないだろう』と。それで、F-1を選ぶか、F-4を選ぶかとなって、低高度を飛んで艦艇攻撃するミッションに興味を持って、F-1を希望しました。でも『お前みたいな適当な人間が緻密な計算が必要なF-1に乗れるわけない』となって、F-4になりました。実家に近い新田原基地を希望したんですが、『地元に近いのはよくない』と言われて那覇の第302飛行隊に配属されました」

外園飛行班長の自虐的な自己紹介を信じれば、連続被撃墜のボロボロの人生である。

「F-4の後席に乗っている時も、結構、ボロカスに言われました。同期のロッパ(68)やテン(10)が優秀過ぎたんですよ。もう、私は放置状態で、クビを宣告されても仕方ないと思っていました」

話を聞いているうちに涙が溢れそうになった。現在のAGRの姿を聞く前に、戦闘機パイロットの受難を聞く羽目になってしまった。だが、待てよ、そもそも、そんなバカの塊になぜ最強のAGRの飛行班長が務まるのだ?

「ようやくF-4の後席に慣れて、戦技競技会の3番機として出場して、レーダー判読で優勝したんです」

後席はレーダーを担当する。外園3尉(当時)が正確に誘導して優勝したのだ。

「それがきっかけで、こんどは戦競に第2編隊の4番機の前席で出場して、そこでも優勝しました。そのあたりから自分に自信がつき始めました」

外園3佐から後光が差し始めた。話を聞くうちに筆者は外園飛行班長のファンになりつつあった。

「その後、F-15に機種転換して、沖縄の第204飛行隊を希望したんですが、北海道・千歳の第201飛行隊に配属され、そこで5年半いました。次はどこに行くのかと思っていたら、中田（ゼロ）飛行隊長から、『将来的に第201飛行隊の飛行班長にさせたいので、ウェポンスクールに行くか、飛行機をいったん降りて空幕など幕僚勤務か、教導隊に行くか、この三つのどれかを選べ』と言われました」

これまでの取材でわかったのは、三つの選択肢から一つを選べるというのは飛行隊で最優秀の若手パイロットの証しである。

本当は外園飛行班長は将来を嘱望された最強の空戦パイロットなのだ。

「それで、先輩がウェポンスクールを選んで、『じゃあ、お前、教導隊な』ということになりました。でも、教導隊は怖いという噂があって、自分には務まらないだろうと思っていました」

当時、新田原基地に所在したAGRにやってきた外園飛行班長を待ち受けていたのは「自信満々の高い鼻をへし折られる」洗礼であった。

「もともとへし折られる高い鼻がないですし、当初、こっちに来た時は、私みたいな者が来て、すいませんというくらいの気持ちで、先輩の言うことはなんでも素直に聞きました」

これまでの取材から、そういうタイプは伸びる。

「でも、やはり苦労しましたよ。最後の上級という資格があるんですが、連続して落ちました。最初AGRに5年いて、横田基地の航空総隊に1年7か月勤務し、こちらに戻って1年半ほどになります」

AGRにとって手放しがたい逸材に成長したに違いない。戦闘機パイロット最高の逆転人生である。

こんなすごくて我慢強い、そして打たれても凹まず、コツコツと自己研鑽を続ける。インタビューからも人間的な優しさが伝わってくる。素晴らしいAGRの教官である。

論理的に納得させて教える

第201飛行隊に所属していた当時、外園3佐が受けたAGRの教導訓練について尋ねた。

「教導訓練のことはよく覚えています。いろんな方向から、いろんな考え方の指摘を受けました。それまで経験したことのない視点から指摘されるのはものすごく衝撃的でした。AGRはそういうところを見るんだ、こういう考え方もあるんだと思いましたね。」

その後、外園3佐は教導訓練を受ける立場から教導する側になった。

「戦闘機どうしの戦いで『これが駄目だったんだぞ』というのは、結果で示してあげないと言われたほうは納得できない部分があります。どうしてそういう結果になったのか、段階を分けて伝えます。この段階で、こんな判断をして、こういう操作をしたから、君たちはこんな結果になったんだよと論理的に話さなきゃいけないんです。そのロジックを組み立てるのは難しい部分がありますね」

初期のAGRの決め台詞『お前ら、死んだんだから、車のキーをもらって行くぞ』と言われても撃

「優しさ」と「強さ」の両方を持つ自衛官は多いだろう。しかし、外園3佐はその二つに「真の」が付く。格好をつけずに自分史を語るのも、男惚れするほどカッコいいと思った。

墜されたほうは納得できない。

「だから、彼らが納得するように教導していきます。新たな意識を強く植えつけさせるわけですから、当初は教導を受ける部隊側は反骨精神からどうすればいいか模索します。でもいくら考えてもそれまで彼らが持っている考え方では答えがでない。それ以上の伸びがないんです。そこで別の視点からの意見が必要になってきます。『こんな視点があったんだよ』『こういう考え方もあるんだよ』と言って、別のオプションを彼らに与えます。すると、考える幅が広がります。初期の頃の『お前は死んだんだ。以上』という教導ではなくなっています」

なぜ自分がやられたのか、死に至る飛行の道筋を少しずつ巻き戻してあげることで明確になる。ここでこうしていたら逃げられた。その前にこう機動していれば劣勢から中立、さらには勝利できた。その道程を論理的に教えていく。

「そうです。新たな意識を植えつけるために強く言うこともありますが、相手の耳に届かなければ意味がありません。強く言い過ぎると、相手は耳に蓋をしてしまう。だから、ロジカルに筋道を立てて教導します」

AGRの教導は大きく変化していた。聞かせて、考えさせる。それが現在の教導のスタイルなのだ。

少し話題を変えて、元ファントムライダーの外園3佐に、AGRの大先輩でF‐4を飛ばしていた揖斐兼久さんを知っているかどうか尋ねた。

「退官された時に一度、飲み屋でお会いしたことありますが、積極的に話をしたことはありません」

教導隊の恐ろしさを演出する伝統芸の一つ「強面の飛行班長」の存在こそ、揖斐さんであり外園3佐だ。

「私自身はそう意識したことはまったくないですが、周囲の人からたまにそう言われたりします」

ここまでのインタビューで外園3佐の人となりがわかったので、「そのために飛行班長になれたんじゃないんですか？」と正直に聞いてみた。

「かもしれませんね（笑）」

外園3佐は人懐っこい笑顔を浮かべた。

教導訓練のフライトが終わり、デブリーフィングの時に、いまでも後方の壁際にいるAGRの教官たちが、『へぇぇ～そうなんだ』とかいう声をあげるのだろうか。

「いまはしません。やってません」

教導隊が各基地に赴いて飛行教導訓練を行なう巡回教導の際の週末の過ごし方について尋ねた。筆者は三択を用意した。
①皆で釣りに出かけて釣った魚を誰かの官舎に持ち込んで宴会
②皆でゴルフを楽しむ
③皆でパチンコ大会

「パチンコ大会は以前、ありましたけど、ここ数年はコロナ禍でなくなりました」

AGRの伝統は潰《つい》えたかと思ったが、意外な方法で、モンゴル飛行班長が継承していた。

「自分は半年前に結婚しましたが、独身時代は年齢がいちばん上で、給料はすべて自分の小遣いでした。たとえば千歳に教導に行った時は、ニセコにコテージを借りて、若手パイロットを集めて渓流釣りを楽しみ、釣れた魚でバーベキューしてましたね。費用の三分の二は自分が払っていました。那覇の時もコテージ借りて、そこのプライベートビーチで男だけで大騒ぎしました。いまは結婚したので、そんな真似はできませんが（笑）」

AGRの伝統の一つである釣りと料理は辛うじて続いていた。

AGRの経験値を部隊に役立てたい

最後に「AGRは今後も必要か？」という質問を外園飛行班長にぶつけた。

「必要か必要でないかは、意見が分かれると思います。いまの私の立場と、これまで私がやってきたことから言えるのは、これほど真剣に航空機による戦闘行為と防衛行為に関して、突き詰めている部隊はほかにないと自負しています。

ほかの戦闘機部隊はさまざまな任務を持っていますが、実相的な戦闘、そういった環境下を常に考えて訓練しているのは我々AGRしかいないでしょうね。

当然、ほかの部隊に比べて経験の差はあると思いますし、それで増加した経験値を少しでも部隊のために役立てたいという思いがあります。つまり、AGRはなきゃいけない部隊ということですね」

戦闘機乗りは飛ぶのが楽しいからずっと乗っていたいと聞いたことがある。

「いや正直、私は毎回早く降りたいと思っています。怖いし、きついし、辛いですから。だけど飛行機から降りた時、地に足を付けた瞬間、生きている実感があるんです。

飛行機のフライトは整備員、管制官など大勢の人たちがサポートしてくれています。それが強く感じられて生きている実感につながるんだと思っています。その実感がほかのパイロットたちにとって楽しいという表現に変換されるんだろうと思います」

次に取材する方々がどんな人たちなのか教えてもらった。

「飛行隊長は、韓国防衛駐在官も務め、空幕にも行かれた方で、私より大きな視野で話をされるのですごく参考になると思います。飛行隊長のロジカルな話し方は自分も大いに勉強になりました。何よりも自分を律し、隊員を律し、組織を律しているのを感じます。

群司令は、一つ上のフライトコースの方でしたので、昔からの知り合いです。司令は隊長よりもさらに律されている方です」

筆者は外園飛行班長に深々とお辞儀をして、飛行隊長、そして群司令に会いに向かった。

常に理想を追求する——本村祐貴2佐

上智大学出身の新任教導隊長

飛行教導群教導隊長の本村祐貴《もとむらゆうき》2佐に最初にお目にかかったのは、2023年1月、百里基地にインド空軍のSu-30戦闘機が共同訓練のために飛来した時である。その凛とした立ち姿は、他者を自然に指揮下に置く風格が備わっているように見えた。

本村2佐との短い挨拶の中で、筆者は「教導隊に関する本を執筆中で、近いうちに小松基地に取材に行くつもりです」と伝えた。そして、半年が過ぎ、ようやく取材が実現した。

本村2佐は、上智大学機械工学科で車のエンジンを研究すると同時に、テニスサークルの会長を務めていた。当時話題になったTVドラマ『グッドラック』を観て民航機のパイロットを目指したという。

じつは本村2佐の父親も元空自パイロットで、F-4ファントム、F-15に乗っていた。

「父は厳しく、ずっと眉間に皺を寄せているようなタイプで、それもあって自衛隊は就職先の選択肢

本村祐貴２佐。TAC ネーム“SIGMA”。大学時代、民航機パイロットを目指したというが、本質を捉える目が判断を変えた。理想を追求して戦闘機パイロットを選んだのだ。

になかったんです。でも、父に民間航空会社の就職試験を受けていると話したら、すぐに地方協力本部の人がやって来て、『うちも受験されますよね？』と勧誘されました。自衛隊に興味はなかったけれど飛行機に乗れるんだったら、一生の思い出になると思って一般幹部候補生の試験を受けたんです。それで、最終試験で実際に空自の練習機に乗って離陸した瞬間に『うわっ！』と感動して、もし受かったら自衛官になろうと思いました」

もともと自衛隊に入るつもりがなく、上智大学から民航に行こうとした男が、いまは空自最強の飛行教導隊の隊長になっている。

2005年、本村2佐は航空自衛隊に入隊。

「市ヶ谷の航空幕僚監部に勤務している時、すぐにそこに母校の上智大学が見えるんです。このギャップはなんだろうと思いましたね」

上智大学のテニスサークルといえば、可愛い女子大生が大勢所属していて、その会長であればかなりモテたに違いない。

第11代教導隊長を務めた神内裕明さんはかつて防大空手部だったが、現在の教導隊長は上智大学のテニスサークルの元会長である。AGRの時代の変化を感じた。

いつものようにタックネームを尋ねる。

「シグマです。上智大学はソフィア大学の名で知られています。ソフィアの『ソ』はギリシャ文字の『Σ（シグマ）』なんです」

これまでいろいろなタックネームの由来を聞いてきたが、これほどオシャレな命名は初めてである。飛行時間を尋ねた。

「F‐15は1100時間です」

隊長にしては飛行時間が少ない……。

「私は米国留学組で、T‐38で訓練を受けました。帰国後、築城基地の第304飛行隊に配属されました。そこでEL（エレメントリーダー）になって、初めての海外訓練でアラスカに行ったんです。訓練から帰って1週間ほどしたら、急に隊長室に呼ばれて、『お前、教導隊だから』と言われました。教導隊の巡回訓練は、ウイングマン時代に経験がありましたが、その時、私は飛んでいなくて地上で聞いていただけで直接教導を受けたことないんです。

それで『なんで、私が行けるんですか？　自信がないので、ちょっと考えさせてください』と答えました。実際のところ、教導隊に行った先輩や当時の教導隊の方々を見て、自分が通用するだろうかと思いました。どこに行っても、教導隊は怖い人たちばかりだと言われているじゃないですか……」

やはり、当時は怖がれていたのだ。

「周囲の仲間に相談すると、『やっぱり選ばれたな』とか、後輩からは『シグマいいですね。うらやましいですよ』とか言われて……だったらやるしかないなということで行きました」

どこで、AGRに目をつけられたのだろうか。

「その3年前に第304飛行隊から教導隊に行った先輩がいて、『頃合い的にちょうどいいのは本村じゃないか』となって、隊長どうしの話し合いで決まったんだと思います」

本村2佐は教導隊パイロットを2年務めたあと、韓国軍のCS（指揮幕僚課程）の要員に選ばれ、航空総隊で1年間勤務したあと、陸自の韓国語課程で1年間、その後韓国軍のCSで1年間学んだ。帰国後は航空幕僚監部に勤務し、次期戦闘機開発に携わる。そして、空幕で2年勤務したのち、防衛装備庁でも2年間、次期戦闘機開発に携わり、今回7年ぶりに教導隊に帰ってきた。

「2022年3月に教導隊に戻って、2022年8月から教導隊長になりました」

飛行時間が少ない理由も本村2佐の華々しい経歴を聞けば納得できる。

常に理想を追求している姿を見せる

インタビューを始める前に大切なメモを取り出した。これを伝えなかったら、飛行教導隊の隊歌が歌えなかった以上に、第3代飛行教導隊司令の増田さんにしかられる。

それは、増田元司令から教導隊への伝言だった。それを筆者は読み上げる。「君たちは本当に戦えるのか？　これはAGR隊員に問うものではない。戦闘機部隊にそう問うことができるパイロットになりなさいという意味です。AGR隊員自ら命のやり取りをする気持ち、実戦的な訓練をしなさい、ということです」

「増田元司令の言われる通りです。今いろいろとやっています。我々が部隊に行って、それぞれの基地で仮設敵機役をやりますし、部隊から教導隊に呼んで訓練しています。まさにいま2人のパイロットが訓練中です。彼らにはここで2週間、我々が定めた練成をやってもらいます。訓練内容は部隊の機体を操縦するのではなく、ウチのF-15の後席に乗せて、我々のやり方を見てもらいます。地上に戻れば彼らに質問させて、知識や経験を積んでもらっています。

ほかには〝対抗現示〟と言って、敵機役を模擬する飛行計画を立案してもらいます。どうすれば、いちばん効果的に相手（部隊）を強くする仮設敵役ができるか、その考え方や機動などを学んでもらいます。いま彼らはそれをやっているところです。

部隊のパイロットを呼ぶパターン、そして我々が巡回教導するパターンなどいろいろあります。巡回教導も、パイロットと戦闘機が一緒に行く場合や、我々のパイロットだけ派遣して、それぞれの部隊で2週間、教導するなどの方法があります」

細かい教導のメニューが作られていることがわかった。絶えず改善、更新されているに違いない。

「部隊の実情に合わせて、その部隊を伸ばすため、つまり実戦で勝利してもらうために、どこを手当てしていくかを見極めます。去年はこうしたから、今年はこれを伸ばしてやる。あるいは巡回教導した時にこういう状態だったから、次の訓練のために、これとこれを手当てしなければならないということを打ち合わせてから訓練に行きます」

まさにAGRは、戦闘飛行隊のコーチ兼ドクターである。

教導隊長としての目標を尋ねた。

「私の目標は『理想の追求』です。我々は航空自衛隊の戦闘機部隊です。しかし、地上レーダーを通して我々を目標に指向してくれる兵器管制官、そして、敵機を撃墜するために完璧に整備された航空機やミサイルを用意してくれる整備員や武器小隊など、すべてのアセットで航空作戦は成り立っています。その航空作戦の中で我々戦闘機部隊がいちばんのリーダーだと思っています。だから我々が常に理想を追求している姿を見せ続けなきゃいけないんです。いつまでも同じことをやっていてはいけないし、今日の理想は明日の理想じゃないかもしれない」

飛行教導群教導隊長 本村祐貴２佐。戦闘機パイロットの「質」というものは、飛行時間の数字だけでは表せないということが、シグマとのインタビューからわかった。

常に満足しないということですね。

「そうです。我々が想定している対象国の戦闘機やミサイルの戦い方、パイロットの質などは日進月歩で変わって行きます。我々はこれだけやっていればいい、それに基づいて部隊に教えていればいいんだというのでは成り立たないんです。

だから、我々に足りないものは何か、今日できることは何かを常に考えます。それぞれの階級や役職に応じて、その理想とする形は違うと思いますが、一人ひとりが理想を追求しながら、飛行隊全体、教導隊全体としての理想を追求して行く。そうすれば、教導隊が航空自衛隊の作戦をリードする部隊になれると思っています」

その理想を追求するため、空自は海外の部隊と共同訓練を行なっている。2023年1月の日本・インド空軍機の共同訓練をはじめ、フランス、イタリア、オーストラリアの空軍が来日して合同訓練を行なっているのだ。

インド空軍との共同訓練の結果は?

教導隊では部隊のパイロットたちは何を学ぶのだろうか?

「それは、運用の思想です。我々はこれがいいと思っていますが、相手国はそう思っていないかもしれない。そこにどんな考え方の違いがあるのかを常に考えます。

たとえば空自の戦闘機は基本的に2機が1組になっていきます。具体的事例があるわけではないのですが、他国は1機だったり、3機だったりするかもしれません。彼らはそこにどんな利点を見出しているかは考えるきっかけになります。我々がやっていないことがあることで、それが〝気付き〟になったりします」

2023年1月、百里基地で行なわれたインド空軍Su‐30との共同訓練について尋ねた。

「インド空軍と訓練しましたけど、背景がまったく違うじゃないですか。Su‐30はもともとロシア製の戦闘機です。だからロシア空軍から教わったことがいっぱいあると思いました。我々はアメリカから教わったことがたくさんあるし、空自自身で作り上げてきた運用もあります。それらをすべて比較した時に、何が起こるんだろうと思っていました。

空自のファイターとして、インド空軍機にこれは通じるだろうかと思いながら訓練しましたが、いろいろ興味深い気付きがありました」

Su‐30についての印象を尋ねた。

「空力的に洗練されていて、形が綺麗ですよね。彼らもF‐15にすごく興味があって、相互に見学させてもらいました」

インド空軍の空戦の技量はどんな感じだったのだろう。

いま、飛行教導群にスホーイを与えたら、彼らはどんな教導をするのだろうか。ちょっとした妄想に心が躍った。

「そうですね。あの、いい訓練ができました（笑）」

百里基地でインド空軍のパイロットと話をして、彼の飛行時間が600時間だったということを伝えた。

「彼らの多くは若かったですね」

さらにもう一つ、筆者がインド空軍のパイロットから聞いた話を本村隊長にぶつけてみた。それは、F-2との空戦訓練を尋ねたら、『あっ、俺たちは勝った』と自慢げな顔を見せた。次にAGRの機体を指差して『あっちの人たちと空戦訓練した？』と聞いたら、一瞬苦々しげな表情が浮かんだ。筆者は本村隊長に「コテンパンにやっつけたんですよね？」と聞いてみた。

「はい。いい訓練ができました」

本村隊長は、何とも言えない満足そうな表情を浮かべた。

変化し続けるAGR

昔と今のAGRの違いについて尋ねた。まずサングラスの着用についてだ。

「サングラスは、列線で飛行機に向かう時は、眩しいからするのはいますけど、そこだけですね」

フライト後のブリーフィングで煙草を盛大にふかすようなことは？

「いまはブリーフィングルームは禁煙ですからありません」

教導を受けている部隊のFL（4機編隊長）が機動を説明している時に壁際に並んだAGRの教官が『ホォ〜』『そうなんだってよー』というかけ声もない？

「はい、やらせてません」

ブリーフィングの途中でAGRの教官が前に出てきて、「ここでね、やったと言ってるけど、その前のここで、もう君らはやられちゃってるんだよ」というような恐ろしい途中教導もいまはやっていない？

「言っている内容は同じですが、言い方は極めて冷静です。たとえば、こんな感じです。

教導『レーダー、目で見た時にどうだった？』

飛行隊員『こうでした』

教導『では、こういう位置関係じゃないですよね。すると、我々はここにいたっていうことですよね』
飛行隊員『はい』
教導『すると、右に行ったほうがよかった？　それとも左に行ったほうがよかった？　ここで攻撃できなかった？』という指導の仕方です」

　ＡＧＲのいちばん有名な台詞。「お前ら負けたら死ぬんだぞ。死んだ奴は車いらんから、俺らがキーをもらっていくぞ』はいまでも使用しているのだろうか。

「ないですよ（笑）。いまでも我々が教導訓練で展開するだけで、部隊は結構ピリッとします。それは理屈でしっかり教えているからなんです。戦闘機部隊のパイロットがどのようにやっていて、どのようなところに不安があるか、どこに問題があるかなど、小さなことも見逃さずに教えないといけない。だから、あえて相手をビビらす必要はないんです、真剣さは伝わるものです」

　当然、フライト前のＡＧＲ隊員が発するという地獄のチェックインボイスもいまはない……。

「ことさら、何かを作為して演出することはありません。普通に『スカル１１（ワンワン）チェック』『ツー』『スリー』『フォー』という感じです」

　スカル（髑髏）がコールサインなのだ。痺れるほどカッコいい！

　続いて教導隊の基地での日課について尋ねた。週末の金曜夜はスナックに全員が集まって飲み会とかするのだろうか？

「しないですね。AGRで飲みに行く時は歓送迎会、基本的に送別会が多いですね。だから、普通の飛行隊と変わらないんじゃないですか」

行きつけのスナックのカウンターで司令が自ら調理して酒飲んで大騒ぎするというのは遠い昔の話になっているらしい。ならば、巡回教導先ではどうなのだろう。撃墜した飛行隊のパイロットの車を借り上げてみんなで釣りに行く。官舎に上がりこんで釣った魚を料理して大宴会するとかは？

「やってないですね。教導隊全員でそうやって遊ぶことはあまりしてないです。展開先の基地の部隊長とか、同期や知り合いがいれば、夕食を一緒にします」

ブルーインパルスが展示飛行したあとの過ごし方に似ている。聞く側にとっては面白かった、AGRの武勇伝はいまは過去のものなのかもしれない。

F-15DJの次の教導機は？

AGRが、使用機をT-2からF-15DJに機種変更して30年以上の月日が経過した。次の機体の候補について話を聞いた。

「個人的な意見ですが、我々は周辺国の戦闘機がどういう敵であるかを演じなければなりません。それが、F-15で模擬できる範囲であれば、このままF-15でいいと思います。

Ｆ‐35のようなステルス戦闘機が主流になるのであれば、それを模擬する必要があります。有事の時はハイエンドな兵器が登場します。米軍のアグレッサー部隊はＦ‐35を使っていますが、その時代、周辺国の脅威に合せて、我々もアップデートすることを選択しなければいけないと思っています。でも、すぐに変えなければ立ちいかなくなるとは思っていません」

仮に次の機体をＦ‐35とした場合、複座はない。

「いまはシミュレーターがものすごく進歩していて、シミュレーターでしっかり練習しておけば、最初から一人で操縦できます。また上空でパイロットが何を見ていたかというのもすべて地上で再生できます」

ＡＧＲの複座の伝統はＦ‐35になれば終わってしまう。Ｆ‐２の後継機となる次期戦闘機を選択するというのはどうだろう。

「いまはフライバイワイヤーで、戦闘機の挙動はシミュレーターでやるのとほとんど変らないようになっています。複座という別のバージョンを作るのはコストがかかります。本来は燃料を積み込んだり、電子機器を搭載したいスペースを削って、人が座るスペースを確保するのはコスパが悪いですね」

開発中の次期戦闘機に複座機があるとは聞いていない。本村隊長が言われるように、ＡＧＲの伝統から複座は消えるのはほぼ間違いないようだ。

質問を変えて、目視できる距離でのドッグファイト（格闘戦）は将来、なくなってしまうか聞いてみた。

「なくならないと思います。というか戦闘機は格闘戦をしなくていいということにはならないと思います。ただし、格闘戦になった場合、赤外線追尾ミサイルの性能がさらに向上して、これまで当たらないような状況でも命中するかもしれません。ＨＭＤ（ヘルメット・マウント・ディスプレイ）をはじめ、さまざまな新装備が登場して、それを使えばより早く効率的に敵を撃墜できると思います。近い距離で戦闘機どうしがマージ（交錯）して戦闘が始まるのは基本です」

やはり格闘戦はなくならない。

「最後の最後にそういう場面に陥った時に敵に勝つために必要な訓練の一つです。だから、燃料が余って、飛行時間に余裕がある時は、訓練が終わったあとに追加で、ドッグファイト、我々が言うところのＢＦＭ（ベイシック・ファイター・マニューバ：基礎的戦闘機機動）をやります。『ＢＦＭ１vs１（ワン・バイ・ワン）』をやって帰ろう』とコールして、その飛行機の最大性能を発揮して１対１をやるのはファイターの嗜《たしな》みであり、最低限の資質です」

心強い！　本書の取材を進めるなかで、ドッグファイト、つまりＢＦＭは、ＡＧＲの本筋と思ってきたが、その流れはいまもしっかり受け継がれている。

最後に戦闘機パイロットに必要な資質は何かを尋ねた。

「謙虚さです。自分の技量や知識、それに考え方に対して謙虚じゃないといけないと思います。自信過剰になれば、伸びないし、危ないことにもなる。若いパイロットに持っていて欲しいのは『シングルシート・メンタリティ』です。これは機長として自分一人で飛行機を預かり、任務を作成し、遂行して帰って来るという精神力と資質です。

だから、注意力の不足や散漫で必要なチェックをしていない、決められた規則や訓練規定、安全上の決まりを守れない、人が見ていなければやらないというのは、戦闘機パイロットの資質に欠けています。当然、弾《はじ》かれます」

戦闘機を一人ですべて仕切るというメンタリティが求められるのだ。

「はい、そうやって結果を出し、必要なチェックをすべてこなし、規定を守り、無事に帰ってきて安全に着陸するということに尽きます」

筆者は最後の質問、今後もAGRは必要かどうかを尋ねた。

「世界的にそれなりの軍事力を持っている国の空軍には必ずあります。我々教導隊がいるからこそ、戦闘機部隊の操縦者にいい訓練をさせて、戦いの本質を教えることができます。部隊内で『今日はお前が敵役やってね』と言っても、部隊は日々の錬成訓練もあるし、対象国の戦法を突き詰めて考えることはできません。だから、教導隊が敵役をやることで部隊の戦力をケアできます。それが我々教導隊が存在する理由です。なくなるのはよくないことだと思います」

変えるべきところは変えていく——小城毅泰1佐

レベルの違いを感じて、ひたすら訓練

第6代飛行教導群司令の小城毅泰《こじょうたかやす》1佐のインタビューは、群司令室で行なわれた。小城司令の精悍な顔立ちから鋼鉄のような体と心の持ち主であることがわかる。目元の皺は高空の太陽光の中で長時間過ごした戦闘機乗りの証しだ。

小城司令は、佐賀県出身。防衛大学校43期。防大へ入学後、航空要員を目指そうと決意。米空軍への留学などを経てF-15のパイロットとなった。タックネームは「ダガー（短剣）」。このタックネームは、義父が退官される時に譲ってもらったという。親から子へ、先輩から後輩にタックネームが受け継がれるケースもあるという。義父は航空学生24期で、教導隊にも在籍。親子二代にわたる教導隊勤務である。

インタビューは、本村隊長にも伝えた増田元司令の伝言を朗読することから始まった。

「増田司令がおっしゃられるように、実戦的な環境で訓練することは極めて重要です。それは実戦経験のない航空自衛隊においては特にそうだと思います」

教導隊に行きたいと思われたのは、義理の父の影響なのだろうか。

「F‐15に乗り始めて最初の勤務となった第304飛行隊で訓練して行くうちに教導隊に行きたいと思うようになりました。希望はずっと出していましたが、航空総隊の戦技競技会で優勝したことなどが評価されたのか、運よく呼んでもらえることになりました。当時はうれしい反面、緊張もありました」

教導隊の洗礼、天狗の鼻はへし折られたのであろうか。

「当然です。そんなに鼻は伸びてませんでしたが。当時は格闘戦の訓練を主体でやっていて、訓練を始めた当初、どこでどうやって撃たれたのか覚えていないし、ここで撃てたのにどうして撃てなかったのかまったくわかりませんでした。対抗役を演じてくれる教導隊のパイロットたちはすべてを覚えていて、地上に降りてVTRを再生しながら機動図を正確に書くんです。レベルの違いを感じながら、ひたすら訓練しました」

将来、群司令になる者でも壁にぶつかる。

「もちろんです。でも格闘戦は、やっていくうちに見えるようになるんです。意図を持って飛行機を動かせば、その結果どうなったのか覚えて帰れます。主体的にこうやりたい、ここで狙いたいと思う

飛行教導群司令 小城毅泰１佐のTACネームは、教導隊に在籍した義父と同じ“DAGGER”。髑髏、毒蛇、短剣、最強のカードが並んだ。ポーカー用語で「アグレッサー」は最初にレイズ（賭け金を上乗せ）しゲームの主導権を握るプレイヤーを指す。

と、自分がいいと思う動きができるようになります。記憶もしっかりしているので、地上に戻ってからも、できたこと、できるはずなのにできなかったことなどがわかるようになります」

自分の動きが正確にわかれば、相手機のわずかな動きにも反応できる。

「よく見ていると、敵機の動きからこちらを狙いにきているのか、ウイングマンを狙っているのかという相手の意志が見えるようになります。そうなれば敵機がどっちにパッと飛んで行くか、速度や運動エネルギーがどうなのかとかいうのがわかります。そのあたりは当時自分でも成長したなと思いましたね」

日々前進して改善していく

話を戻して、小城群司令の教導隊との関わりについて話を聞いた。

「2010年に最初に教導隊に赴任して、3年勤務しました。その時は3年目に総括班長をやりました。それから統合幕僚監部に異動となり、次に教導隊に来た時は第20代の教導隊長を2年務めました。その後、航空幕僚監部に勤務して、2022年3月14日、群司令として着任しました。教導隊長を終えた以降、いつかは司令になりたいという思いはありました」

飛行教導群の指導方針について尋ねた。

「みんなに伝えているのは『前進』です。その意図するところは、現在の安全保障環境や戦闘様相に応じて、我々も変わっていこうということです。訓練内容に関しても日々前進して改善していかなければなりません。もちろん部隊の伝統は重んじなければなりませんし、場合によっては保守的なところもあると思います。伝統は大事にしなくてはなりませんが、部隊としても変えるべきところは変えていこうという思いを込めて、『前進』としています」

伝統にはどんなものがあるのだろう。たとえば巡回教導の際にオーバーヘッドパターンでランディングすることは今もやっているのだろうか。

巡回教導で百里基地に飛来したアグレッサー。毎度、豪快なオーバーヘッドを決めてくれる。

「天候などの状況にもよりますが、それは今もやっていますね」

2018年2月、拙著『永遠の翼F-4ファントム』の取材で百里基地に行った時、それを実際に目撃した。上空をすべて占領するような感じで教導隊の8機が現れ、その一糸乱れぬフォーメーションは周囲を威圧するかのようだった。きっと、いまでも教導機から地上に降りる時、わざと「ゆらーーり」とした動作で悪そうな雰囲気を漂わせているのだろう。

「それはないです。そういうのはやってませんよ」

繰り返しの質問になるが、第3代増田司令の名台詞「お前ら訓練で撃墜されたら、死ぬんだから、車のキーは俺たちがもらっていくぞ」というのは言っていない？

「言ってません。いまそれを言ったら問題になります」

現在のブリーフィングの様子はどんな感じなのだろう。

「訓練後のブリーフィングの前に教導隊員が全員集まって、『今日はこういう戦闘だった。教訓はこれだよね』とまとめてから、演練部隊の操縦者が参加するデブリーフィングを行ないます。

そこでは、まず部隊の認識を確認します。それから『我々の認識はこうです。ここは、どう見えていましたか？　あなたの撃った敵は何でしたか？』など、質問しながらデブリーフィングに必要な情報を確認します。部隊の答えと認識を確認したのちに、我々と認識が異なれば、たとえば『そこに敵機はいませんでした。ジャミング、電子妨害されたものを捉えていませんか？』などと確認し、双方の認識をすり合わせます」

教導隊の説明は非常に論理的であると同時に、相手を視認できる距離からレーダーを駆使しての中距離ミサイル戦になっていることがよくわかる。電子戦下でのミサイルの撃ち合いが主流なのだろう。森垣さんが得意とした目で確認する〝メーダー〟の時代ははるか昔の空戦なのだ。

「そして、『我々の認識はこうですけれども、それで納得ですか？』と飛行隊のパイロットに確認してから、『それでは、ここが駄目でしたね。ここを改善すべきですよね』と話します。認識が違っていたら、『本当はこうだった』と言われても、効果が得られないですから」

筆者は十数年、筑波大学で教壇に立っている。1年生から4年生、大学院のマスター、博士課程の学生を相手にしている。いま小城司令の言葉遣いと教え方は、まさに博士課程レベルの教育である。つまり空戦の博士課程を教えているのが教導隊なのだ。

初期の教導隊はソ連空軍戦闘機を模して、飛行隊に空戦を挑み、実戦経験を学ばせていた。いまは将来起こり得る空戦でいかに勝つかを教えている。

「教導隊の役割は本質的に変わってないと思います。昔も今も戦闘機部隊、警戒管制部隊をより強くして、有事で死なないようにすることが目的です」

これも繰り返しの質問だが、巡回訓練後、地元のスナックで全員集まっての飲み会があるのか尋ねた。

「歓迎会や送別会は教導隊でやりますが、それ以外に全員で飲みに行くことはあまりないと思います。遠征先での週末の過ごし方は観光名所を巡ったり、おいしい店で食事したりしてますね」

とても、普通のオジサンの休日である。かつて教導隊が熱心にやったサッカーはどうだろう。

「たぶんサッカーはやってないですね。怪我が怖いスポーツは皆、自粛してます」

優しいお兄さんの集団が現在の教導隊なのである。

未来の教導隊

空自のF-35Aとの共同訓練で、教導隊が全機やられてしまったりはしないのだろうか。

「訓練の中身はお話しできません。F-35はとても状況認識力の高いセンサーを搭載しています。第5世代機であるF-35に対して、我々のF-15は第4世代機ですから、それと戦うためにはいろいろと創意工夫しながらやっているということです」

教導隊もF-35Aを採用すればいいのでは？

「教導隊にF-35が必要か否かは、空自として教導隊にどういう役割を求めていくのかによるのでしょう」

でも、F-35Aもあったほうがいい……。

「現在の安全保障環境を考えれば、将来的に第5世代機の敵役も必要となってくるのではないかと思います」

しかし、F-35には複座機がない。

「第5世代機のセンサーはとても優れた状況認識能力があります。だから、2人乗ることが絶対ではなくなっているんだと思います。どうしても、複座機じゃければ駄目だという考えはありません」

未来の飛行教導群を想起させる１枚の写真。2023 年４月、米空軍第 65 アグレッサー飛行隊を視察した小城群司令ら教導群のメンバーが F-35A を背に記念撮影（撮影：アメリカ空軍）

２０２３年4月4日、教導隊が米空軍ネリス空軍基地のアグレッサー部隊を訪ねたという報道がありました。

「私も行きました。どんな訓練をしたかなど詳細はお話しできませんが、米空軍のアグレッサーの隊長が付きっきりで案内してくれました。アグレッサー部隊どうしの親交を深めることができました」

やはり米空軍と共同訓練すると、新しい戦技のようなものを学べるのだろうか。

「我々が米空軍演習の『レッドフラッグ』に部隊としては行ったことはありませんが、パイロットを数名、情報収集も兼ねて参加させています」

１９８５年7月、フィリピンの米空軍アグレッサー部隊（F‐5）が来日したことがあるが、最近も行なわれているのだろうか。

「アグレッサー部隊どうしの交流はもちろん、機会があれば一緒に訓練したいと思っています」

現在、教導訓練は相手機を視認できない距離からのレーダーを使用した戦いが主体となっているが、近距離格闘戦の訓練についての司令の考えをお聞かせください。

「状況によっては視認して敵だと確認するまで交戦できないという場合も考えられます。だから、格闘戦が生起する状況自体は今後もなくならないと思います。格闘戦、つまり1対1のBFM（基礎的戦闘機機動）の能力は、あらゆる戦闘においてベースになり、ファイターパイロットとして最後のよりどころです。引き続き格闘戦の演練はしっかりやる必要があります」

今後も教導隊は空自にとって必要な部隊であり続ける……。

「戦闘機部隊の普段の訓練では、実戦的な訓練環境を自分たちで作為するというのはなかなか難しいものがあると思います。我々教導隊は、各種の専門的な情報に基づいて、他国の戦技、戦い方を研究し、敵機を模擬できる部隊です。戦闘機部隊に実戦的な環境の場を提供できる教導隊は必要だと思います。

米空軍においてもアグレッサー部隊はいまも存在しています。予算の関係でなくなった部隊もありましたが、何回も復活して現在に至っています。それは、各国空軍ともアグレッサー部隊の必要性を重視しているからです。これからも、模擬する敵機の精度を高めて強い敵でありつづけることが我々教導隊の使命だと思っています」

今後も教導隊は空自になくてはならない存在なのである。

その教導隊をより強くするためになにが必要なのだろう。

第6代飛行教導群司令 小城毅泰1佐。「前進」と「変えるべきところは変える」。この二つの言葉から短剣（ダガー）の刃のような鋭いものを感じた。

「我々は、敵機という対抗機役を演じ、模擬する航空自衛隊唯一の部隊です。つまり我々にしかできない任務があります。

そのためには、いまの戦闘様相や安全保障環境などを見定めて進化しなければなりません。我々がより強い敵を演じ、模擬することで空自戦闘機部隊、警戒管制部隊が強くなると信じています。つまり、新たな状況に合わせ、常にステップアップしていくことが大事だと思っています」

まさに小城司令が標語とする「前進」そのものである。

小城司令の取材を終えた筆者は、格納庫前の教導隊機の列線に出た。

隊舎の屋上には濃い青地に赤い舌を出したコブラを模した隊旗が日本海からの夏風にはためいていた。そして、そのマークを尾翼に付した教導機が並んでいる。

全機、胴体下に電子戦ポッドを装着している。いまや空の戦いは近距離から中距離の戦いになっているのだ。列線に並んだF-15DJ戦闘機に髑髏のパッチを付けた教導隊隊員たちが前後席に乗り込んで離陸していく。それに続いて、第306飛行隊のウェポンスクールの教官を乗せた機があとを追うように離陸する。

日本海上空で、教導隊vsウェポンスクールの空自最高レベルの空戦訓練がこれから始まるのだ。

その空域でどんな訓練が行なわれているかは想像するしかないが、今回の一連の取材を通じておぼろげながらも理解できた。ただ、本当に実感したければ、空自戦闘機パイロットになり、教導隊を目指すしかない。本書を読んだ若い読者の中で一人でも教導隊ＡＧＲを目指してくれればと思う。

再び隊舎に戻ると、廊下の掲示板に内倉空幕僚長の顔写真が飾ってあるのに気づいた。

「内倉空幕長殿、教導隊に関する取材すべて完遂いたしました」

筆者は写真に一礼する。

廊下の奥には赤い星の扉がある。

そこで繰り広げられてきた約40年間の教導隊ＡＧＲの歴史をたどる旅は終わった。

終章　AGR「車と釣り」の真実——酒井さん再び登場

待ち合わせの場所に、紺色のジャンバーを着て、濃いサングラスをかけた酒井一秀さんが立っていた。今日はアロハシャツではない。こちらが挨拶すると、

「おっ」

酒井さんは、短いが、親しみのこもった返事を返してくれた。口元に笑みが浮かんでいるが、それが恐ろしい……。

近くのレンタルスペースに移動して取材を開始。まず、これまでの教導隊取材について報告をする。取材を通じて強く印象に残った、教導隊の隊歌をでたらめに歌って増田元司令にすごい剣幕で怒られた顚末などを話した。

初めて酒井さんが増田司令にお会いしたのはいつ頃だったのかあらためて尋ねた。

「増田さんが新田原基地で飛行群司令をやっている時、教導隊にいた俺を呼び出して会ったのが初めてだよ。『お前、あそこで何をやってるんだ?』と聞かれた。その時は（何で、この人に俺は教えなくちゃいけないんだ?）と思ったよ。でも、同じパイロット仲間だし、先輩だから、「今こんなことをやってます」と話した。あとから考えると、増田さんは教導隊のやり方を知りたかったんだと思う。その時点で飛行教導隊司令になることが決まっていて、探りを入れたんだね」

増田さんに関して気になっていることを尋ねた。増田司令のタックネームは秘密なんですか?

「秘密じゃないよ。『グランド』。英語で爺さんを『グランドファザー』っていうだろう。そのグランド」

ようやく疑問が一つ解決した。まさに増田さんは「教導隊のグランパ」である。

増田元司令はじめOB隊員と現役隊員にそれぞれインタビューして、「恐ろしい教導隊」から「愛される教導隊」に激変したことがわかったと酒井さんに伝えた。

「俺もそう思うね。でも実戦の雰囲気をもっと作って、そういうのを味合わせてやりたいな。増田さんが教導隊司令で来た当初、『このまま行ったら、空白はどうなるか?』ということをよく議論した。それで、何かを変えなきゃいけない、このままじゃ危ないとなった。

そして全国の戦闘飛行隊の基地を教導して回り、実戦に近い状況を作り出す訓練方法に切り替えた。当時は教導隊の組織が小さいからすぐに変えることができたんだ。教導を受ける飛行隊パイロッ

「俺に増田司令の腕前を言わせるのかよー」。サングラスをとった酒井氏の柔和な眼差しが今回の取材が上首尾にいったことを教えてくれた。

トたちは簡単にやられた。これでは有事には2日ともたない。だから、教導訓練をして『何とか生き残れ、とにかく耐えろ』という精神状態に持っていかせるように訓練した。それは操縦の腕だけじゃないかんのよ。考え方も大事。だからさ、どうやったら空戦の臨場感をパイロットたちに与えられるかを我々はずっと考えていた。だから、怖い顔も伊達《だて》じゃないんだよ（笑）」

強面の表情の裏にはそういう事情があったのだ。

「増田さんがAGRに来られた当時、1佐クラスの隊司令が実際にフライトに行くことはまずなかった。それで、増田さんに『乗りますか？』って聞いたら、『当然だろ』って」

グランパの出撃宣言である。増田司令の得意な戦法は何だったのだろう。

「見敵必殺《けんてきひっさつ》」

酒井さんから見て、増田司令の操縦の腕はどうだったのか、正直な意見を聞いた。

「俺に言わせるのか?」

一瞬、筆者は凍った。それを見た酒井さんはニヤリと牙を見せた。

「いやいや、上手だったよ。とにかく敵を見つけたら、逃がさないっていう気迫はすごかったな(笑)」

筆者は一緒に笑うことはしなかった。

「機上の無線の声の調子でわかる。もちろん見つけたら、『タリ』(タリホーの略。戦闘機パイロットが敵機を肉眼で発見した時の言葉)と言うけど、その時の声のトーンで、これは行くなとすぐわかる。だけど、サポートするほうは大変。そこで、『待て』とは言えんしな」

それほどまでに増田司令を魅了する空戦の魅力とは何だろう。

「山忠(山本忠夫、教導隊最強の2番機)がうまい表現をしていた。『病気だよ』って。とにかく毎日訓練。それで、さらに上を目指す。山忠は『中毒だよ』とも言ってたな。でも我々後輩が増田さんにそんなことを言ったら、『お前、何、言っとんだ!』ってなる。増田さんの耳に入るといけないので、いまのは山忠がそんなことを言っていたということで……」

筆者はＡＧＲの掟を思い出した。言ってまずいことはすべて他人のせいにする。増田司令の朗らかな声が脳裏に蘇る。「悪いのは酒井、私はいい人」

酒井さんも空戦の虜《とりこ》になったのだろうか。

「俺、別に虜になってないよ。俺にとってはそれが仕事。もっと強くなるにはどうしたらいいかということは毎日考えていたけどね」

2023年春。当時のAGRメンバー7人が大分県由布院に集まった。昼は海釣り、夜はコテージで宴会。釣った魚をさばくのは当然、増田元司令と山本（後列中央）さん。酒井（左端）さんの釣竿の値段はさらに上がったが、当時最強だったAGRのチームワークは、なんと40年後も変わらず健在だった。（撮影：川野和樹）

山本さんに取材したら、酒井さんの釣竿の値段とその数の多さに驚いたと言っていた。

「要はね、魚種があるでしょ。何を釣るかの対象に合せて釣竿が必要になる。釣る環境、船なのか、陸なのか、水深の違いもある。それらすべてを考えて最適な釣竿を選ぶわけ」

増田司令は「釣りに行く車は

酒井が借りて、私は乗せてもらって行っただけ。酒井は誰がいい車を持っているかちゃんと知っていた。教導隊はＴ‐２で来ているから、車はありませんからね。そこにいる間は使わせてもらう」と話していた。

「それはそうだよ。教導に行ったら、土日は暇だよ。お金のかかることをあまりしたくない。夜は酒を飲まないといけないから、昼間は釣りしかない」

酒を飲みに行くのを我慢するという選択肢はないのだろうか。

「ない」

地元のスナックを貸切りにして増田司令が釣った魚を料理する。

「飛行隊行きつけの飲み屋を『お借り』しているだけ。たいていは官舎を宴会場に使わせてもらったな。単身赴任している人がおるやないか。そこを借りる。『あいつは一人だ』『ＯＫ、そこ行こう』って」

訓練で撃墜したパイロットの車を使って週末の釣りが始まる。

「増田さんがパイロットに車を貸すように言ったのは事実だけど、増田さん曰く『俺は独り言を言っているだけだ。土日暇だね。釣りに行きたいね。でも俺はお前にやれと言った覚えはない』とボソッと言う。『お前は死んでいるから車いらないだろ』と言っただけで、『持って来い』とは言ってない、と」

これが、ＡＧＲの車と釣りの真実だったのだ。当時の教導隊は空・海・陸で最強だったのである。

「あとがき」に代えて

すべては『ガラスのジョー』から始まった

本書の企画が生まれたきっかけは、筆者がフリーの記者として働いている『週刊プレイボーイ』(2022年2月14日)の記事だった。その記事の見出しは『日本海に墜落した異色のエリートパイロット。ブルーインパルスとアグレッサーのトップを異例の歴任。元上官が語るその素顔』というものだった。

2022年1月31日午後5時頃、航空自衛隊小松基地(石川県)を離陸した飛行教導群の戦闘機F-15DJが、基地の西北西5キロメートルの日本海海上に墜落する事故が発生した。前席に飛行教導群司令の田中公司1等空佐(空将補に特別昇任)、後席に同群所属の植田竜生1等空尉(3等空佐に特別昇任)の2名が乗り、のちに事故死が確認された。

田中公司1佐は、ブルーインパルス飛行隊長と飛行教導群司令を務めたベテランの戦闘機パイロットである。そのブルーインパルス隊長時代の基地司令が、拙著の「翼シリーズ」にたびたび登場する杉山政樹元空将補だった。

早速、杉山元空将補に取材を申し込むと、元教導隊長の山田真史元空将を紹介していただき、2人の元上官のインタビューをもとに記事を執筆した。

当時、新型コロナが大流行していたため、インタビューはリモート取材だった。

パソコンの画面に、初対面の山田元空将が映し出されていた。黒縁のメガネをかけ、膝には小型犬をのせている。まるで映画に登場する怖い組織の大ボスのようだった。

筆者は「教導隊の何代目の隊長でありますか?」と質問すると、山田元空将の答えは短かった。

「答える必要はないでしょう」

教導隊がまったくの謎の組織になった瞬間だった。

そのリモート取材後、杉山さんの仲介で山田さんに実際にお目にかかることができた。場所は、杉山さんが当時、那覇基地に所在した第302飛行隊長で、山田さんも那覇基地司令を務めていたということで、都内にある沖縄料理店となった。

防衛大学校時代、杉山さんの2学年下だったこともあり、その飲み会で山田さんは終始「良き弟分」を演じていた。

筆者はいつもの馬鹿な宴会芸を披露すると、山田さんの緊張もほぐれたようだった。

「最初の小峯さんのリモート取材の時は何を言われるかわからないから、身構えていたんじゃないかな。ワンコは床に置くとうるさいんで抱いていただけですよ。それまでの小峯さんの『翼シリーズ』

のこともキッド（杉山氏のタックネーム）から聞いていました」

筆者はこの好機を逃さず、「翼シリーズ」でいつも言う台詞を山田さんにぶつけた。

「教導隊の本、できませんか？　これまで飛行教導隊の編成完結から現在までの歴史をまとめた本はありません」

「私も教導隊のヒストリーがまったく残ってないということについては考えていました。創設当時の先輩方が亡くなりつつあるなかで、当時のことを知っている人がいるうちに聞き取りしておかないと何も残らないと思っていました」

その瞬間、本書『赤い翼』の企画がスタートした。

出版社に企画が通り、教導隊の取材が始まるが、じつは山田さんは、北は北海道から、南は九州まで約1年間、取材に同行してくださったのである。取材がすべてスムーズに進んだのは山田さんのおかげである。感謝しても感謝し足りないほどである。

山田さんの第一印象は恐ろしかったが、取材旅行を通じて「こんな素晴らしいファイターパイロットはいない」と心底から尊敬するようになった。

杉山さんと山田さんの出会いも凄まじい。4回しか受験できないCS（指揮幕僚課程）をすべて落ちた山田さんは、当時の上司から「お前、ちょっと空幕に行って仕事して来い」と言われた。空幕勤務中、前任者の言う通りに報告したら、その時の上司が「お前なんか、辞めてしまえ」と叱責されたという。戦闘機パイロットの決断は速い。

山田「じゃ、辞めますと二つ返事で帰ったんですよ。そうしたら、そのあとをキッドが飛んできて、『山田、冷静になれ』と言われて落ち着きました。『とりあえず、尻尾を振っておけ』と言われたんです。それもあって自衛隊に残ることができたんです」

杉山「ゴクウとの信頼関係ができたのは、僕が空幕の人事部補任課で、山田が人計課（人事計画課）にいた時かな。2人で缶詰め状態になって、『こいつを隊長にしよう』『こいつは向いていない』『こいつは人望がある』とかいろんな情報をもとに適任者を決めていく仕事を一緒にしました。槍の穂先となる戦闘機パイロットをどう育てるかを2人でやったが、とにかく背負っているモノが重い。その作業の過程で、ゴクウはただ者じゃないと思いました。それ以来、いまも付き合いが続いていています」

その2人の信頼関係があって、筆者は山田さんと知り合うことができた。

こうして山田元空将の協力のもと『赤の翼 空自アグレッサー』の編集作業が本格的に始まった。

「じつは小峯隆生という人物について、最初みな怪訝な感じがあったんですよ」

杉山政樹元空将補（右）、山田真史元空将（中央）、そして筆者。３人を引き合わせてくれたのは田中公司１佐“JOE”だった（撮影：編集部）

筆者はひたすら平身低頭した。

「そこで、『鷲の翼Ｆ‐15戦闘機』を買って、ＯＢのみなさんに送ったんです。そうしたら読んだら面白いじゃないかとなったんです。あとはご自身で『永遠の翼Ｆ‐４ファントム』『青の翼ブルーインパルス』を買って読まれました。

それで、酒井一秀さんが『話を聞こうか』というところから話が始まったんです。仲間意識の強い人たちですから、人選を間違ったら『何しに来たんだ？』で終わりです」

最初に取材した酒井さんとのやりとりを思い出した。あの時が筆者にとっての入隊試験だったのだ。

「あれで、酒井さんのスイッチが入るか入らないかでした。結果は入りましたね。酒井さんは、取材先のみんなに電話して、この本を成功させたいという思いを伝えてくださいました。だから、取材に行ってもどこも問題なくスムーズだったでしょ」

確かに。数回怖い目に遭ったが……。

「山忠さんは、事故のことは当時教導隊にいた人と一部の人以外、話してないと思います。外部の人間に話したのは初めてじゃないかな」

ヒグマのような山本さんが繁華街を行くと、思わず誰もが道をゆずるほどの迫力だが、しゃべりだすと心根のやさしさが伝わってくる。

「みんな教導隊を離れて、20～30年、短い人でも10年は経過しています。私も小峯さんの取材に同行して、みんなが当時のことを思い出して語る時の愉しそうな表情を見るのが楽しみでした」

山田さんにとっても青春の旅路だったのかもしれない。

杉山さんがうまく話をまとめてくれた。

「あんまり語らない人たちだからね。墓場まで経験したことを持って行こうと思っている人たちでも、どこかで語りたくなるタイミングがある。それが、ちょうど今だったんだろうね。それで、置いていくものは置いていこう、後輩のために置いていこうというタイミングだったと思うよ」

最後に2021年6月に第5代飛行教導群司令に就任し、翌年1月31日に突然の墜落事故で亡くなった田中公司1佐について、その思い出を2人に語ってもらった。

田中1佐との出会いについて杉山さんが話し始める。

「田中が防大に入って2学年になった頃かな。当時、僕は防大の教官を務めていました。田中は周りに気遣いできるタイプで、可愛い顔をしたハンサムボーイでした。1学年の時から目立っていたね。2学年になって、田中は航空要員となって、僕の担当している大隊の中の一人だった。彼の人となりを見て、自衛隊で生き残っていくだろうなと思った。クレバーな感じもあり、とにかくカッコいい。そんな奴がファイターパイロットに向いている」

防大の教官を務めた杉山さんは30年前をこう振り返った。

防大卒業後、田中1佐は希望した通り戦闘機パイロットになった。

そして杉山さんと再会を果たすが、それは劇的なものだった。

「僕が松島基地の司令をしていた2011年2月に、田中がブルーの次期隊長に内定して、挨拶に来たんです。15年ほど会っていなくて、目の前に現れた田中はあまりにも変わっていてびっくりした。凄まじく太っていたからね。だから、最初にかけた言葉は『お前、その体でブルーに行くのか?』でした。ブルーのユニフォームは伸びる生地でできているので体型がモロに出る。僕も一度、基地司令として沖縄に同行した時、ブルーのユニフォームを着たことがあったが、食事すると腹が出るので、格好悪くて食えなかった」

可愛かった田中1佐は、相撲力士並みの体型となっていた。

「だから、『締めて来い、痩せろ』と厳命したね。翌月の3月11日、松島基地は東日本大震災の大津波に襲われ、大きな被害を生じた。たまたまブルーは九州の芦屋基地に展開していたので無事だった。当時のブルーの隊長だった渡部（琢也）から『田中、着任しました。7キロ減量しています』の報告が5月の連休明けにありました。

ブルーインパルスの展示飛行前と飛行後、あんな過ごし方をするのは歴代のブルー隊長の中でも田中だけだろうね。展示飛行の日程が迫るとプロボクサーのような凄まじい減量をして、展示飛行が終わればまた大食いする。わざわざ、きついことをよくするなと思っていたが、食って減量して、また食うというのが快楽だったんだろうな」

ブルーインパルス時代の田中隊長はそのスタイルを退任まで貫いた。

次に山田さんに田中1佐との出会いを尋ねた。

「防大の3学年の時からですね。いちばん覚えているのは、4学年の時の適性検査に私が連れて行ったことかな。当時、彼は防大アメフト部にいて、背は高くないんだけど、体格はがっちりしていた。ただ怪我が多いんですよ。しょっちゅう腕を三角布で吊っていましたね。

次に部隊で再会したのは、私が小松基地の防衛班長をしている時で、彼が第303飛行隊に着任してきました」

ファイターパイロットとして油が乗り始めた頃で飛ぶのが楽しくてしかたなかったに違いない。

「それが、あんまり楽しそうではなかった。彼は米国留学組で、ＥＬ（２機変隊長）の資格をとるのが同期よりも遅れていた。相変わらずよく怪我をしていましたね。小松駅でたまたま彼を見かけたら腕を吊っていた。どうしたんだって聞いたら、『自転車に乗っていて転んで……。それでレーダーサイトに研修に行けといわれて行くところです』と言っていた。ほかにもプールに飛び込んで、ひと掻きで脱臼したとかね」

田中１佐のタックネームは「ジョー」だが、当時は「ガラスのジョー（ガラスの顎）」と呼ばれていたという。

「次に会ったのは、私が空幕で班長勤務している時、田中が部下でした。残業していると、晩飯を食ったのに『ちょっと飯食ってきます』と言って近くのステーキ屋で６００グラムの肉を食べてまた帰ってきましたからね。だから『痩せないと部隊に戻さないぞ』と言ってました。私がそこを離れて、また課長として戻ってきたんですが、相変わらず太ってましたね。『絶対に痩せねーな』と、彼に言った覚えがあります。その後、ブルーから飛行教導群司令になった時に電話をくれました。私が教導隊のことをよく知っているので電話をくれたのでしょう。『大変だと思うけど、無理するなよ』と彼に伝えました」

田中１佐の思い出話をするうちに一瞬、沈黙がその場を支配した。

第５代飛行教導群司令 田中公司１佐。「笑顔で」とリクエストした神野幸久「航空ファン」編集長が撮った最高の笑顔だが、たぶん今ごろはＧ空域の高いところから真面目な顔で言っているだろう。「見てるぞ、しっかりやれよ」と。

それを破ったのは杉山さんだった。

「この『赤い翼』が出版されるタイミングとして、いまがちょうどよかったんじゃないかな。田中が　僕ら三人を引き会わせてくれた。そう思うよ」

続いて山田さんが意外なことを口にした。

「じつは、取材した教導隊OBには、この本のきっかけが田中だったとは、いっさい言ってない。だから、読んで気づいてくれればいいかなと。彼らOBにしてみれば、田中は、ひよっ子もいいところです。本を開いて、『ああ、あいつが、この本を作る機会を作ってくれたんだな』と思ってくれれば十分です」

筆者は静かに頷いた。

田中1佐が、杉山元空将補と山田元空将を筆者に引き会わせてくれ、本書『赤い翼 空自アグレッサー』を世に出すことができた。

「田中1佐、ありがとうございます」

最後に、志半ばで殉職された教導隊パイロットの方々のご冥福を心から祈るとともに、七柱の英霊に本書を捧げます。

T-2練習機（戦闘機）

正木正彦 1等空佐 1986（昭和61）年9月2日

緒方和敏 2等空佐 1987（昭和62）年5月8日

沖　直樹 2等空佐 1987（昭和62）年5月8日

川崎俊広 2等空佐 1989（平成元）年3月22日

正木辰雄 3等空佐 1989（平成元）年3月22日

F-15戦闘機

田中公司 空将補 2022（令和4）年1月31日

植田竜生 3等空佐 2022（令和4）年1月31日

小峯隆生（こみね・たかお）
1959年神戸市生まれ。2001年9月から週刊「プレイボーイ」の軍事班記者として活動。軍事技術、軍事史に精通し、各国特殊部隊の徹底的な研究をしている。著書は『新軍事学入門』（飛鳥新社）、『蘇る翼 F-2B―津波被災からの復活』『永遠の翼F-4ファントム』『鷲の翼F-15戦闘機』『青の翼ブルーインパルス』（並木書房）ほか多数。日本映画監督協会会員。日本推理作家協会会員。元同志社大学嘱託講師、筑波大学非常勤講師。

柿谷哲也（かきたに・てつや）
1966年横浜市生まれ。1990年から航空機使用事業で航空写真担当。1997年から各国軍を取材するフリーランスの写真記者・航空写真家。撮影飛行時間約3000時間。著書は『知られざる空母の秘密』（SBクリエイティブ）ほか多数。日本写真家協会会員。日本航空写真家協会会員。日本航空ジャーナリスト協会会員。

赤《あか》い翼《つばさ》 空自《くうじ》アグレッサー
―飛行教導群 強さの秘密―

2024年4月1日　印刷
2024年4月10日　発行

著　者　小峯隆生
撮　影　柿谷哲也
発行者　奈須田若仁
発行所　並木書房
〒170-0002東京都豊島区巣鴨2-4-2-501
電話(03)6903-4366　fax(03)6903-4368
http://www.namiki-shobo.co.jp
取材協力　川野和樹
編集協力　山口果那、三田紗柔加、宮田梨央、鐵見咲希、
片山周香、米澤夢芽、西野結子、松長かのん
印刷製本　モリモト印刷
ISBN978-4-89063-446-0

小峯隆生＋柿谷哲也の本

鷲の翼 F-15戦闘機

F・15Jは1980年代から空自に導入され主力戦闘機40年以上も日本の空を守っている。その基本設計の優秀さと電子機器や搭載装備の近代化により、今もトップクラスの実力を有している。第305飛行隊からアグレッサー部隊まで、現役のイーグルドライバーを現地取材。空自F・15の軌跡と実力に迫る！　1800円＋税

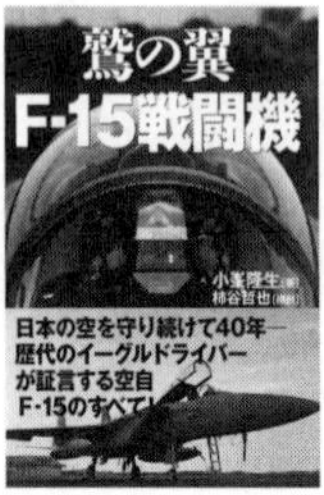

青の翼 ブルーインパルス

2021年夏、6機のブルーインパルスが五輪を描き、新型コロナとの戦いに疲れた日本人の心に大きな希望を与えた。五輪史上、二度も大空に五輪を描いたのはブルーインパルスだけである。だが、そこに至る道のりは平坦ではなかった。OB隊員、整備員、パイロットの証言をもとに、その苦難と栄光の歴史を再現！　1700円＋税